高速公路服务区建筑设计

罗艺晴　著

中国原子能出版社

图书在版编目（CIP）数据

高速公路服务区建筑设计 / 罗艺晴著. -- 北京 ：
中国原子能出版社, 2024. 6. -- ISBN 978-7-5221-3458-
1

Ⅰ. TU248
中国国家版本馆 CIP 数据核字第 202401HG00 号

高速公路服务区建筑设计

出版发行	中国原子能出版社（北京市海淀区阜成路 43 号　100048）	
责任编辑	王　蕾	
责任印制	赵　明	
印　　刷	河北宝昌佳彩印刷有限公司	
经　　销	全国新华书店	
开　　本	787 mm×1092 mm　1/16	
印　　张	13.5	
字　　数	201 千字	
版　　次	2024 年 6 月第 1 版　2024 年 6 月第 1 次印刷	
书　　号	ISBN 978-7-5221-3458-1　　　定　价　86.00 元	

前　言

　　建筑之于高速公路服务区的涵义，应从广义的范畴上对其进行界定，可认为服务区中所包含的全部内容所组成的整体。在这一意义上，建筑物、道路、广场、停车场、绿地等都是服务区建筑设计的构成元素。虽然服务区建筑设计在我国建筑界尚属一个新类型，但其相关的设计内容却并非都是全新的问题，只不过由于我们在基于服务区这个特定的环境条件下来重新审视并构建这些内容，其角度发生了变化，所以服务区的建筑设计才具有了新的内涵和意义。

　　关于服务区的建筑设计，其实目前在我国的工程实践中已存在一些成形的模板，但在理论层次上并没有对它明确地阐释和系统地论述。并且，随着经济发展、社会进步和交通结构的调整，交通运输和公众出行的需求又对服务区的建筑设计提出了越来越高的要求，这些都不是以我们个人的意志为转移的。因此，需要设计者从新的角度去审视服务区这个类型的建筑设计。

　　本书以高速公路服务区为研究对象，根据服务区的定义及特点，通过对服务对象功能需求的数据统计，理性分析出不同类型服务区的功能配置。同时比较与借鉴国内外服务区建设的内容体系与设计理念，针对服务区建设中存在的显著问题与突出矛盾，从服务区建设的经济性、实用性、艺术性、技术性四个方面构建了服务区建设的基本内容框架体系。并以高速公路服务区项目为依托，进一步提出了框架体系的具体内容和设计方法，最终以服务区的实践证明了研究的可操作性及可实施性。

　　本书共分为 6 章，分别从理论和实践两个方面提出了四大探新：一是尝试从功能的角度划分与研究服务区的类型，并制定出各类服务区相应的功能

配置表；二是以江西省内典型服务区的特征全面深入探讨，为更大范围的研究先行探路；三是从"有机整体""以人为本""生态环保"及"适度超前"四方面确定了服务区建设的理论原则体系；四是以实践的设计思路展开为主线，在理论研究的基础之上提出了服务区建设的策略及方法，希望能为同类型建筑的新建及改扩建提供借鉴与参考。

目　　录

第 1 章　高速公路服务区及其发展概述

1.1　我国高速公路的发展

高速公路，是指专供汽车高速行驶的公路。根据中华人民共和国交通运输部《公路工程技术标准》（JTG B01—2014）规定：高速公路为专供汽车分方向、分车道行驶，全部控制出入的多车道公路。高速公路的年平均日设计交通量宜在 15 000 辆小客车以上。我国内地高速公路的起步比发达国家整整晚了半个世纪，到 20 世纪 80 年代中期，我国才开始高速公路的前身——汽车专用公路的探索。改革开放初期，随着我国国民经济的快速发展，公路客货运输量急剧增加，公路建设长期滞后所产生的后果充分暴露出来。20世纪 80 年代初，交通运输部开始着手收集和研究发达国家解决干线公路交通拥堵问题的经验，并对我国主要干线公路交通存在的主要问题进行研究，我国高速公路正是在这样的背景下酝酿产生的。经过四十余年的发展，我国高速公路历经了 1978 年至 1988 年的起步阶段、1989 年至 1997 年的稳步发展阶段、1998 年至 2007 年的加快发展阶段、2008 年至 2015 年的跨越式发展阶段和 2016 年以来的全面规范和高质量发展阶段（图 1-1），截至 2022 年底，我国高速公路通车里程已经达到 17.7 万千米，稳居世界第一。目前，以国家高速公路为主体的高速公路网络已经覆盖了 98.8% 的城区、人口 20 万以上城市及地级行政中心，连接了全国约 88% 的县级行政区和约 95% 的人口。

全面规范和高质量发展阶段

2016以来

- 到2020年底，高速公路总里程达15.5万km，国家高速公路主线基本建成，覆盖约99%的城镇人口20万以上城市及地级行政中心。
- "十三五"期，高速公路发展步入全面深化改革与规范发展的新时期，从注重里程规模和速度更向注重质量科学合理可持续发展。

跨越式发展阶段

2008—2015

- 2008年，为应对金融危机，贯彻落实国家"促内需、保增长"的战略部署，公路行业以国家高速公路建设为重点，进一步加快了高速公路建设步伐。
- "十二五"期间，全国高速公路建设取得历史性新突破，2012年，全国高速公路通车里程达9.6万km，首次超越美国，居世界第一。
- 2013年印发《国家公路网规划（2013—2030年）》，规划方案由国家高速公路和普通国道两个路网层次构成，国家高速公路由7条首都放射线、11条南北纵线、18条东西横线以及地区环线、并行线、联络线等组成，总里程约11.8万km，另规划远期望线1.8万km，简称"71118网"。

加快发展阶段

1998—2007

- 1998年，全年新增高速公路里程3 962 km，总里程达到8 733 km，居世界第六位，创下了年度新增高速公路的新纪录。
- 进入"十五"期，我国高速公路继续保持令世瞩目的快速发展势头，2005年底，高速公路达4.1万km，仅次于美国，居世界第二。
- 2004年发布《国家高速公路网规划》，由7条首都放射线、9条南北纵线、18条东西横线以及若干条联络线、并行线、环线组成，简称"7918网"，这是我国历史上第一个国家高速公路网规划。

稳步发展阶段

1989—1997

- 1990年，被誉为"神州第一路"的沈大高速公路全线建成通车，全长371 km，标志着我国高速公路发展进入了一个新的时代。
- 1993年6月，"全国公路建设工作会议"在山东济南召开，会议确定了我国公路建设将以高等级公路为重点实施战略转变。
- 到1997年底，我国高速公路通车里程达到4 771 km，10年间增长477 km；相继建成了沈大、京津塘、广成、成青等一批具有重要意义的高速公路。

起步阶段

1978—1988

- 1988年是我国内地高速公路的"元年"。
- 10月31日，全长20.5 km（达到高速公路标准的路段长15.9 km）的沪嘉高速公路一期工程通车；
- 11月4日，辽宁沈大高速公路沈阳至鞍山利大连三十里堡两段共131 km建成通车。
- 到1988年底，我国内地高速公路总里程达到147 km，高速实现了零的突破，彻底结束了中国内地没有高速公路的历史。

图1-1 我国高速公路的发展历程（图片来源：作者自绘）

2013 年 6 月国务院发布《国家公路网规划（2013—2030 年）》[①]，国家高速公路网布局从原先"7918"扩充为"71118"。国家高速"71118"公路网（2013）由 7 条首都放射线、11 条北南纵线、18 条东西横线，以及 6 条地区环线、12 条都市圈环线、30 条城市绕城环线、31 条并行线、163 条联络线组成。相较 2004 年"7918"规划，在中西部地区新增 2 条南北横向高速公路：呼和浩特—北海、银川—百色。此外，渝昆高速调整为银昆高速。2022 版《国家公路网规划》"71118"高速公路骨架未变，变动主要在于增设 101 条国道联络线。根据规划要求，到 2035 年国家公路网总规模约达 46.1 万千米。其中，国家高速公路网规划总里程约 16.2 万千米（含远景展望线约 0.8 万千米），未来我国高速公路建设改造需求约 5.8 万千米，其中含扩容改造约 3 万千米。高速公路的迅猛发展，带动了公路运输业和社会经济的快速发展，然而经济发展、社会进步和交通结构的调整，交通运输和公众出行的需求又对高速公路服务区的建设提出了越来越高的要求。

1.2　高速公路服务区建设的原因

高速公路服务区对于高速公路来说属于附属服务设施，但高速公路通车后，高速公路的全封闭隔断了使用者与外界的接触，人们只得与这些服务设施相接触。因此，这些设施的功能是否完善、服务是否周到，不仅有助于高速公路的安全畅通和缓解司乘人员的疲劳，也有助于提高高速公路在公众中的形象。同时，服务区与所有使用高速公路的司乘人员的生产、生活密切相关。除此以外，服务区还可以提供各种信息，如路况、天气、地理情况等。另外，与周边环境相互融合的地域性建筑也是高速公路上的一处景点，可以

[①] 2013 年 5 月，国务院批准《国家公路网规划（2013—2030 年）》。规划国家公路网总规模为 40.1 万千米，其中，国家高速公路网由"7 射、11 纵、18 横"（简称"71118"）路线组成，总规模约 13.6 万千米；2022 年 7 月，国家发展改革委、交通运输部印发《国家公路网规划》（发改基础〔2022〕1033 号）。规划国家公路网总规模约 46.1 万千米，由国家高速公路网和普通国道网组成，其中国家高速公路约 16.2 万千米（含远景展望线约 0.8 万千米），普通国道约 29.9 万千米。

起到点缀作用。由此看出服务区的重要性是不言而喻的。

1.2.1　交通安全的需求

高速公路服务设施是交通运输行业服务于经济社会发展的重要窗口，直接关系到广大百姓的便捷出行，对满足司乘人员生理、心理需求，有效预防司机疲劳驾驶，为车辆提供加油、充电、维修等服务，消除安全隐患，同时对被运送物资的补给和检查，以及在抗击自然灾害等应急情况下提供特殊服务等，起着重要作用。

对司乘人员而言，一般合理的高速长途的时间间隔为 1～1.5 小时，因为从人的生理和心理的角度分析，成年人的注意力集中时间一般 1～1.5 小时，在这段时间里成年人可以保持比较旺盛的精神兴奋，而时间一过，人脑进入抑制期，需要用休息或进行其他活动来调节。一般来说，在高速公路上连续行车 1～1.5 小时，最好停车休息 5～10 分钟。再者，一般情况下，平均 1.5～3 小时人们就有如厕等生理需求，服务区的设置为司乘人员提供了免费、安全的休息场所，从一定程度上确保了司乘人员的行车安全。根据《道路旅客运输企业安全管理规范》[①]第三十八条规定，客运企业在制定运输计划时应当严格遵守客运驾驶员驾驶时间和休息时间等规定：客运日间连续驾驶时间不得超过 4 小时，夜间连续驾驶时间不得超过 2 小时，每次停车休息时间应不少于 20 分钟。

对行驶车辆而言，长时间、长距离高速行驶的车辆很容易出现机械故障。我国多处地方标准中都明确指出，服务区的服务事项包含但不限于停车服务、综合供能服务、维修服务、商超服务、餐饮服务、卫生间服务、便民服务。其中，综合供能服务和维修服务为行车安全提供必要的保障是不言而喻

---

①《道路旅客运输企业安全管理规范》是为加强和规范道路旅客运输企业安全生产工作，提高企业安全管理水平，全面落实客运企业安全主体责任，有效预防和减少道路交通事故，根据《中华人民共和国安全生产法》《中华人民共和国道路交通安全法》《中华人民共和国道路交通安全法实施条例》《中华人民共和国道路运输条例》等有关法律、法规制定的规范。由中华人民共和国交通运输部、公安部、国家安全生产监督管理总局于 2012 年 1 月 19 日印发。2023 年 11 月 11 日修订发布实施。

的。近年来，随着新能源汽车依托高速公路长途通行的频率逐步提升，高速公路服务区提供多种类能源供给的需求日益突显。尤其是随着高速公路网的形成与完善，公路客货运输会大幅度增加，然而由于我国重型车车况较差、可靠性低、故障率高等问题，这使得行驶车辆对服务区的依赖性越来越高。

对被运送物资而言，随着我国经济的发展，以原材料为对象的货物运输将逐渐减少，以高附加值的产成品为运输对象的货物运输将逐渐增加。高附加值的产成品货物其产品的差异性较大，比原材料的运输环境要求要高，且一旦造成货损货差赔偿费用较高，需要更为细致的途中维护。有的货物在长途运送过程中仅依靠车辆自身的货物保全系统不足以维护货物的完好性，需要在途中进行一些必要的补给或检查。特别是高速公路服务区内临时停车区停放的危险货物运输车辆，需要对其罐体、驾驶人员、押运人员，以及停车区的安全管理、安全条件、消防安全和环境污染防治等加强监督检查，强化信息共享。

1.2.2　路网结构的完善

从发展战略来看，高速公路网的形成是全面建设小康社会和实现现代化的迫切需求，也是经济全球化背景下提高国家竞争力的重要条件，对实现长期持续发展具有重要意义。随着高速公路网的不断扩张，高速公路服务区的数量也在持续增长。据统计，截至 2023 年 5 月，我国高速公路服务区（含停车区）总数达 7 692 个。根据国务院批准的《国家公路网规划》2035 年布局方案，国家高速公路净增里程约 2.6 万千米，按照交通运输部的规定，每隔 50 千米设有一个服务区，每隔 25 千米有一处停车区。那么以此估计，未来 10 年，我国高速公路服务区将在现有基础上增加 1 000 对左右，虽然新建服务区的整体增速有所放缓，但仍存在一定需求。

同时，随着我国私家车保有量的快速增加，进入服务区域的车辆结构发生了巨大变化，驾乘人员的需求也发生了多元化、精细化、高品质的变化，这无疑给服务区的建设提出了更高的要求。而我国大多数既有服务区在建设

的过程中缺乏适应性与可变性的前瞻，导致现有的服务设施无法满足司乘人员多样化的出行需求，普遍存在"停车难""充电难""如厕难"等问题。在新的历史时期下，既有服务区的提质升级依然止步不前、无则可依的话，必定会阻碍高速公路的快速发展，从而使国家的发展战略目标无法按时实现。因此，如何提升服务区的建设和管理，让服务与高速公路先进设施相适应，是高速公路事业全面、协调、可持续发展的必然要求，是新发展时期所赋予的必然使命。

1.2.3　经济价值的增长

随着高速公路通车里程的不断延伸、客流量的不断增长，必然要求服务区扩大服务项目的种类、数量等等，从而形成特殊的经济区域，其产业价值的重要性正日益受到重视。高速公路服务区作为高速公路不可分离的一部分，除了公益性外，也具有非常重要的商品属性，具备成为商品和实行企业化经营的必要条件。如果服务区的设施和管理具有一定的水平，其经营收入是相当可观的。据市场调研在线网数据预测，到 2023 年，中国高速公路服务区行业的总营业收入将达到 660 亿元，比 2018 年增长了 57.1%，而总利润将达到 19.1 亿元，比 2018 年增长了 58.8%。由此可见，高速公路服务区的建设对提高高速公路的社会效益和经济效益的作用是不可低估的。

同时，服务区的基本属性也决定了服务区建设的巨大社会经济效益。在方便高速公路使用者，为其提供量大质优的全面服务的前提下，注重服务区的经济效益，对努力提高高速公路的综合经济效益，并推动高速公路沿线第三产业的蓬勃发展，具有重要的现实意义。2020 年 7 月，交通运输部与国家发展改革委等 11 个部委联合出台了《关于支持民营企业参与交通基础设施建设发展的实施意义》①，鼓励民营企业参与高速公路经营服务活动。国内

---

① 2020 年 7 月国家发展改革委等 12 个部门联合出台了《关于支持民营企业参与交通基础设施建设发展的实施意见》，聚焦重点、直击痛点，提出多项精准实招，有利于增强民营企业投资建设交通基础设施积极性，激发民营企业活力和创造力，为经济社会高质量发展提供有力支撑。

高速公路服务区的建设和运营通常采用公私合作（PPP）项目模式，该模式允许政府与私营部门合作，共同投资、建设和运营基础设施项目。PPP 模式在高速公路服务区领域得到广泛应用，对促进区域经济社会发展具有重要的意义。

1.2.4　可持续发展要求

可持续发展（Sustainable development）的一个较为普遍的定义可以表述为："在连续的基础上保持或提高生活质量。"在经济方面对可持续发展的定义最初由 Hicks Lindahl 提出："在不损害后代人的利益时，从资本中得到最大的利益"。在世界环境和发展委员会（WECD）于 1987 年发表的《我们共同的未来》报告中，对可持续发展的定义为："既满足当代人的需求又不危及后代人满足其需求的发展"。随着 20 世纪 80 年代可持续发展战略的提出，维护和改善人类赖以生存和发展的自然环境，实现交通的可持续发展成为公路交通行业努力的方向。多年来，公路交通行业坚持在发展的基础上，最大限度地减少对资源和环境的负面影响。但是我国可利用土地面积有限，线位资源十分宝贵，发展高服务能力的高速公路能够有效地缓解交通基础设施建设对土地资源的压力。

与此同时，公众对汽车大气污染、噪声污染的问题表现了极大关注。研究显示，汽车污染排放水平与道路服务水平有着密切的关系，在服务水平较高的路段车辆的污染排放要小于服务水平低的路段。在高速公路上，一般能够保证车辆以经济时速行驶，此时车辆的污染物排放和能源消耗指标都是最低的。由此可见，提高高速公路的服务水平是实现可持续发展的前提条件，而在高速公路服务水平的总体指标中，服务区的建设是一项不可忽视的因素。服务区是高速公路的重要组成部分，也是保障可持续发展的基础，没有这种基础就会增加高速公路的运行成本，甚至可能成为制约可持续发展的关键因素。

1.3 高速公路服务区的发展历程

1.3.1 服务区 1.0 版——公益型服务区

随着 1978 年改革开放，中国高速公路开始起步。1984 年 6 月 27 日沈大高速公路开工，是中国大陆建设的第一条高速公路，于 1990 年 8 月 20 日开始通车。中国第一服务区井泉服务区（图 1-2）也应运而生，但当时的高速公路服务区是为服务经济发展所建设，提供的服务相对比较简单，用于满足出行时人们最基本的加油、休息、如厕等需求，是最早的 1.0 版——公益型服务区，采取委托经营或自主经营方式，经营业态简单，服务质量一般，同质化严重。

图 1-2　沈大高速公路井泉服务区 20 世纪 90 年代旧貌（图片来源：百度图片）

1.3.2　服务区 2.0 版——简餐型服务区

2000 年前后，商业模式开始融入服务区，引进知名品牌和民营资本，实施多样化组合经营，业态趋于丰富，经济与社会效益明显提升，服务区开始出现了小超市、简餐、自助餐等，演变为 2.0 版——简餐型服务区，但餐饮条件和卫生条件较为有限，没有考虑充分地从服务功能、人性化等方面考虑，因而大多存在功能不够完善、布局不尽合理、外观设计不尽美观等缺陷（图 1-3）。为了适应新的发展时期高速公路所承担的责任与要求，高速公路服务区也相应地作出了调整。交通运输部于 2009 年印发了《关于加强高速公路服务设施建设管理工作的指导意见》[①]，而后各地相继出台了高速公路服务区设计规范等地方标准，用以指导当地高速公路服务区新建、改建及扩建。

图 1-3　沪昆高速公路梨温段杨梅岭服务区和鹰潭服务区
（图片来源：作者自摄）

---

① 关于加强高速公路服务设施建设管理工作的指导意见（交公路发〔2009〕31 号）是交通运输部于 2009 年 2 月 1 日印发的政策性文件，用以进一步规范和指导服务设施的建设和管理工作，统一对服务设施功能、定位的认识，充分发挥设施作用，节约用地，节省投资。

图 1-3 沪昆高速公路梨温段杨梅岭服务区和鹰潭服务区
（图片来源：作者自摄）（续）

1.3.3 服务区 3.0 版——综合型服务区

随后 10 年，在国家规范及地方标准的建设指导下，我国高速公路服务区进入了一个更人性化更舒适的阶段。不少服务区陆续进行功能提升，如打造花园式室外空间、停车场大小车分流、人性化生活区等，同时推动建设"司机之家"，提供简餐服务、自助睡眠舱、多种业务窗口，甚至 VR 体验娱乐等，服务区进而转变为 3.0 版——综合型服务区，通过提升公益性服务等功能，大力开展文明服务创建工作及服务区星级评定，引进知名品牌，逐步实现规范化、标准化、专业化管理，形成了一批特色化、品牌化、多元化的高质量服务区。

2016 年 11 月，沪宁高速公路启动服务区经营模式"3+3"供给侧结构性改革升级，结合所在城市的地域文化特点，打造有记忆、有文化、有特色、品牌化、多元化的 3.0 版服务区。率先完成转型的是梅村服务区（图 1-4），仅用 188 天，2 万平方米的新梅村综合体重新开业，提供停车、加油、餐饮、购物、休闲、汽修、苏通卡充值、充电桩、LNG 加气站等多种服务功能，三十余个知名品牌进驻，总面积 2 100 m^2 的公共卫生间专门设置了双排风系统和内庭休憩空间，重新设计的外场行车动线和车位分布使车辆进出安全便捷，消防与生活用水全分离，还提供了近 500 个就业岗位。

图 1-4　沪宁高速公路梅村服务区（图片来源：江苏宁沪高速公路股份有限公司官网）

1.3.4　服务区 4.0 版——智能型服务区

2017 年以后，随着"交通＋"理念的提出，以及厕所革命的推进，人们的消费观念和服务需求发生了巨大的改变，已不再满足于在服务区进行基本的休息和就餐，高速公路行业也进入了新一次迭代升级。由此，4.0 版——智能服务区应运而生，打造更加生活化、人文化、品质化的全新服务区，更智慧、更具个性化的服务区崭露头角，拓展购物休闲功能，打造类生活广场、商业综合体，高颜值担当越来越惊艳世人，成为人们度假、休闲、娱乐打卡的新景点。

2023 年，在文化和旅游部、交通运输部等六部委公布的第一批交通运输与旅游融合发展十佳案例[①]中，庐山西海旅游度假服务区榜上有名（图 1-5）。服务区紧扣"生态＋业态"建设思路，把环境保护放在首位，同时兼顾业态

---

① 为响应《交通强国建设纲要》深化交通运输与旅游融合发展的战略，2023 年 10 月交通运输部、文化和旅游部、国家铁路局、中国民航局、国家邮政局、国铁集团 6 家单位联合印发通知，公布第一批交通运输与旅游融合发展典型案例。首批共遴选出十佳案例 10 个、典型案例 36 个。

开发，重点对游客服务中心、会议中心、旅游码头等进行全方位提升，打造以"桃花水母"为主题的旅游目的地"两栖"服务区，不断推进交通运输与旅游深度融合和创新发展，助力让人民群众享有更加美好的交通运输服务和高品质的旅游生活。

图 1-5　永武高速公路庐山西海服务区（图片来源：江西省人民政府官网）

同时在公布的典型案例中，芳茂山服务区因其恐龙主题特色也赫然在列（图 1-6）。服务区依托常州中华恐龙园资源打造世界首个恐龙体验式主题服务区，围绕"梦回侏罗纪，乐享芳茂山"主题，通过空间环艺、光影科技、互动游乐及沉浸式体验等形式，将恐龙主题文化、恐龙文旅产品融入饮食、购物、娱乐等各种经营业态，成功将高速公路服务区由单一的交通量节点转型升级为区域消费新的增长点。

此外，"零碳高速""零碳服务区"已经实现突破。G20 青银高速济南东零碳服务区作为首个零碳服务区试点项目（图 1-7），按照资源化、智慧化、低耗化、循环化的碳中和思路，围绕提升能源使用效率、100%可再生能源利用和林业碳汇抵消三大核心路径，通过实施碳减排、碳替代及增碳汇三大措施，建设基于分布式光伏发电、储能、交直流微网、室外微光、智慧管控、污水处理、生态碳汇等技术措施，构建了可再生能源利用、零碳智慧管控、污废资源化处理、林业碳汇提升四大系统，实现了服务区运营阶段的零碳排放。在总结济南东零碳服务区建设运营经验的基础上，山东正式启动了"近零碳服务区"的推广建设。2023 年 6 月，山东首个近零碳服务区——京台高速济南服务区建成运营，取得了"打造光伏观光廊道""构建虚拟电厂运营管理平台"两大创新，年均减排 1 725.9 吨，减排率达到 66%，绿色低碳成为未来服务区可持续发展的主要方向。

图 1-6　沪蓉高速公路芳茂山服务区

（图片来源：江苏宁沪高速公路股份有限公司官网）

图 1-7 青银高速公路济南东零碳服务区（图片来源：《济南日报》）

1.4 高速公路服务区的发展趋势

根据我国高速公路路网结构的不断完善与发展，结合高速公路服务区的发展历程，不难看出未来我国高速公路服务区的发展趋势，主要集中在以下四个方面：一是西部地区新建服务区的建设；二是服务区 3.0 版的智能升级；三是资源型地区服务区的文旅融合；四是绿色低碳服务区的推广应用。

1.4.1 西部地区新建服务区的建设

《国家公路网规划（2013—2030 年）》明确的 36 条国家高速公路主线中，仍有 G59 呼北高速、G85 银昆高速等 13 条高速公路未实现全线贯通。"十四五"期间，我国交通基础设施将向高质量发展迈进，而西部地区是建设重点。在"十四五"规划中，西部省份大多侧重推动交通基础设施互联互通高速公路网，加强信息基础设施建设，构建新型基础设施体系。规划中涉及交通新基建的省份主要包括：贵州、四川、青海等。随着西部地区的经济发展，商贸物流以及整个道路运输量的增加，西部地区的高速公路服务区也将迎来较好的发展空间。2021 年 4 月，贵州省发展改革委、省商务厅、省交通运输厅等 8 部门联合发文，支持利用高速公路沿线土地建设专业性货物运输集散中心。该政策旨在推动现代物流业进一步降本增效，促进现代物流业高质量发展，同时也为服务区多元化运营创造了条件。团泽服务区毗邻新舟机场、遵义高铁站和传化公路物流港，具有明显的区位优势，因此在服务区建设仓储物流园，是贵州布局的首个"服务区＋物流园"业态。该服务区除为来往驾乘人员提供休息就餐、车辆加油维护等常规服务外，还以高速公路为纽带，推动完善顺丰体系遵义地区的物流集散布局，对创造服务区新的业态和新运营模式有积极的意义。

1.4.2　服务区 3.0 版的智能升级

随着物联网、人工智能和大数据技术的发展，服务区将实现更智能化的管理和服务。车辆识别、电子支付、智能导航等技术将优化用户体验，提高服务效率，实现无感支付和个性化推荐。同时服务区不再仅限于传统的餐饮、零售和加油业务，还将引入更多创新的服务业态，如共享办公、健康养生、文化展示等，为驾驶人提供更多元的体验和选择。2024 年 2 月中旬交通运输部印发《2024 年全国公路服务区工作要点》（简称《要点》）明确提出，要聚焦构建布局合理、功能完善、服务规范、特色鲜明、智慧低碳的现代化服务区体系，推进公路服务区高质量、可持续发展。要求推进服务设施升级改造，推动服务区综合楼、卫生间、母婴室改造提升，持续推动充电基础设施建设和服务区智慧化改造，开展停车位增扩建，完善无障碍设施、医疗急救设施和普通国省干线公路服务设施；推动服务能力提质升级，探索开放式服务区建设，开展服务区支撑"平急两用"试点，优化充电桩"随手查"服务，推进"服务区＋"融合发展。服务区的提质升级工作，不仅可以满足公众出行多元化的实际需求，而且可以充分发挥高速公路的辐射带动优势，进一步提升交通运输供给服务质量，促进区域产业布局优化，有效拉动地方经济快速增长。

1.4.3 资源型服务区的文旅融合

近年来，国家多次发布政策红利，不断推进"交通＋旅游"融合发展。2017 年 2 月，交通运输部、国家旅游局等六部门发布《关于促进交通运输与旅游融合发展的若干意见》，提出构建"快进慢游"旅游交通基础设施网络。2019 年 10 月，中共中央、国务院印发《交通强国建设纲要》，提出深化交通运输与旅游融合发展，推动高速公路服务区等交通设施旅游服务功能。2022 年 1 月，国务院印发《"十四五"旅游业发展规划》，提出加快建设旅游主题高速公路服务区，推进旅游和交通融合发展。目前，江苏、广州、重庆等省市在服务区文旅融合方面起步较早，并已经形成了较为成熟的发展模式。这些服务区大多都依托所处地区的自然资源、产业优势、地域特色及客群特征，通过拓展功能，积极探索"服务区＋地方经济"发展新格局，将服务区变为集交通、旅游、商业综合、文化展示、乡村振兴为一体的复合型服务场所，呈现出多业态融合、多功能、多主体、智能化趋势。这类文旅主题服务区不仅能够满足旅客日益多元的消费需求，而且还能有效宣传本土文化，带动当地旅游业发展，是我国高速公路服务区未来发展的一个明显趋势。

1.4.4 绿色低碳服务区推广应用

高速公路服务区作为公路交通的重要服务节点，具有较强负荷及资源禀赋。作为公共服务设施，高速公路服务区全年昼夜无休运转，照明、空调等能耗巨大，随着新能源车渗透率的比例不断提高，服务区用能需求不断增加，碳减排压力逐步加大。据统计，我国目前已建成高速公路服务区约 7 700 个，每个服务区一年的二氧化碳排放量约达 500 吨。这就意味着，全国高速公路服务区每年二氧化碳排放量约可达 385 万吨。在国家"双碳"目标、交通强国建设的形势与要求下，和当前高速公路服务区的高排放现状面临的挑战中，建设零碳服务区的重要性和迫切性不言而喻。服务区运营目前存在能耗大、管理粗放的特点，但具有大量可利用的土地和空间资源，具备开展"光伏＋"等新能源分布式开发和就近利用的有利条件，低碳化路径多，需要进一步优化服务区用能结构、降低服务区运营能耗。2021 年 12 月，国务院印发《"十四五"现代综合交通运输体系发展规划》，要求全面推进绿色低碳转型，选择条件成熟的公路服务区等区域，建设近零碳交通示范区。目前，我国山东、江苏、天津等省市在零碳服务区、近零碳服务区、低碳服务区试点示范工程建设方面，已开展了积极的探索，形成了一批可复制、可推广的经验，为全国服务区绿色低碳发展提供了重要的参考价值。

第 2 章 高速公路服务区相关 概念的阐释

2.1 高速公路服务区的定义

高速公路服务区应名思意即：为高速公路服务的区域，是一个尚未严格定义的概念。在维基百科中对 Rest Area 有着简义的解释："is a public facility, located next to a large thoroughfare such as a highway，expressway，or freeway at which drivers and passengers can rest，eat，or refuel without exiting on to secondary roads. Facilities may include park-like areas，fuel stations，restrooms，and restaurants." 即："服务区是一个位于公路、一级公路或高速公路旁以便司机和乘客能够在此休息、用餐或加油，而无需退回到二级公路的公共设施，其功能设施包括公园式停车区域、加油站、洗手间和餐厅"。

而在我国，一般认为高速公路服务区（包括停车区）是指按照公路工程技术标准建成的高速公路服务设施，具有为驾乘人员和车辆提供符合有关标准的公共卫生间、餐厅、超市、客房、加油站、车辆维修、信息查询、应急服务等的场所。根据《公路工程技术标准》（JTGB 01—2014）的规定，我国公路服务设施包括服务区、停车区以及汽车停靠站。《标准》中明确指出我国高速公路沿途需设置高速公路服务区供旅客使用，服务区平均间距宜为 50 千米，区内应设置停车场、加油站、休息区、餐饮等基础设施。

由此可见，我国高速公路服务区的建设主要为满足司机安全驾驶以及旅客休息的需求。这是因为高速连续行驶，驾驶员必须保持精力高度集中，然而道路线形单调，使得驾乘人员容易视觉疲劳及精神疲劳。为了解除连续行驶的疲劳和紧张，满足驾乘人员生理上的需求，同时给予车辆以必要的供给和维护（如加油、加水、充电和检查等），安排适当的休息设施，是保证高速安全行驶的重要条件。但是在《高速公路服务区规划设计》一书当中却指出，高速公路服务区（Service Area，SA）是以高速公路上运行车辆及司乘人员、被运送物资为服务对象的基础设施。在此，服务区服务的对象不再仅仅停留在人、车上，对于途中运送物资的服务需求同样予以关注，这是当下服务区建设的必然趋势。

那么，基于服务对象的不同需求，服务区的功能该如何配置？这是科学、合理进行服务区规划设计的前提，也是研究服务区建设的首要问题。

2.2　高速公路服务区的功能需求分析

高速公路服务区是保证高速公路安全、畅通、方便、快捷通行的重要配套设施，服务区的功能在现代高速产业中显得日益重要。在以往的观念中，服务区的功能仅仅定位在保证高速公路安全、畅通、方便、快捷的重要设施这个范围内。但是，通过这些年服务区实际运作的情况看，它的经济价值和社会属性远远超出了道路交通的范畴。服务区不再局限于简单的停车、休息等基础服务功能，而是主动适应日益增长的多元化出行体验及市场需求，正在向业态更加丰富、功能更加完备的新型商业综合体发展。

现阶段，政府已出台提升高速公路服务设施的旅游功能、加速服务区新业态新模式发展、推进绿色低碳服务区建设等重要指示（图 2-1）。随着中央政策的不断发布与落实，今后的服务区将转变为"服务区＋"的全新模式，承载了越来越多的公共服务与文化旅游的职能。如果能以一种科学的、超前的、广阔的视野和面向市场的态度去分析服务区的功能定位，就会发现这是一个亟待转型升级的特殊产业。

2017.07 ● 《关于促进交通运输与旅游融合发展的若干意见》

·提升高速公路服务设施的旅游功能。结合地方特色因地制宜在高速公路服务区增设休憩娱乐、物流、票务、旅游信息和特色产品售卖等服务功能，设置房车位、加气站和新能源汽车充电桩等设施，推动高速公路服务区向交通、生态、旅游、消费等复合功能型服务区转型升级，建成一批特色主题服务区，加强连接重要景区的高速公路服务区的景观营造，邻近景区的服务区可考虑联合景区创新建设模式。临近高速公路具有观景价值的地方，可与景区联合设置提供服务区或停车区，旅游部门要提供便利，方便服务区建设和布局。鼓励有条件的高速公路结合重要景区灵活设置出入口。

2019.09 ● 《交通强国建设纲要》

·加速新业态新模式发展。深化交通运输与旅游融合发展，推动旅游专列、旅游风景道、旅游航道、自驾车房车营地、游艇旅游、低空飞行旅游等发展，完善客运枢纽、高速公路服务区等交通设施旅游服务功能。

2021.01 ● 《关于服务构建新发展格局的意见》

·促进新业态新模式发展。鼓励高速公路服务区根据自身特色和条件，适度拓展文化、旅游消费以及客运中转、物流服务等功能。

2021.12 ● 《"十四五"旅游业发展规划》

·加快建设旅游主题高速公路服务区、旅游驿站等，推进旅游和交通融合发展。

2024.02 ● 《2024年全国公路服务区工作要点》

·开展近零碳服务区探索创新，围绕双碳目标，落实交通运输领域和公路行业绿色低碳发展有关工作要求，推动近零碳服务区建设，推进服务区光伏基础设施建设。

图 2-1　我国近年关于高速公路服务区发展政策一览表

为了较为全面清晰地了解服务对象的功能需求，研究在江西省的多个服务区内对高速公路使用者及管理者展开了全面调查，采用问卷调查、实地访谈等方式，以期最为直接的掌握现实需求的特征。根据调查统计的结果显示，与服务区最直接最密切接触使用的这类人群，对服务区的功能需求虽会呈现不同的直观状态，但归纳起来仍显示出了高度的集中性。

2.2.1　功能需求目的性分析

所有驶入服务区的车辆的停车目的均主要集中在停车休息、如厕、加油、加水、充电等基本的功能需求上。这是符合高速公路使用者的生理需求及车辆的行驶要求的，也体现了服务区的基本服务功能，但基于不同类型车辆（以驶入服务区的两大车型——客车及货车为分析对象）的停车目的的统计分析可发现，其对服务区的基本功能需求存在着明显的差异性。

对比分析知道，货车驶入服务区的主要目的为短暂休息。这是因为大部分货车是实行轮岗的运作方式，对白天或夜间行车并无太多要求。在调查过程中发现，大部分的货车是在行驶了 4～5 个小时后才驶入服务区休息的，这就导致了货车司机对休息的需求强度。而客车驶入服务区的主要目的为如厕。除了满足最基本的生理需求外，一般在中午和傍晚时间内会在服务区内形成一个停留高峰期，这与人们用餐的生活习惯相一致，调查的结果也同样表明了客车对用餐、购物、休闲、娱乐的需求不低。

因此，在服务区规划设计时，应充分考虑客、货车需求目的的差异性，以便充分发挥服务设施的效率。例如，在旅游交通和小客车居多的高速公路上，应该设置较大规模的复合功能型服务区，提供多元化的服务功能，构建交通与文旅融合发展的新格局。而在货车比例较高的高速公路上，对购物的要求不是很高，应该较多地设置休息、加油、加水等基本的服务设施，可适当考虑设置物流集散中转等拓展功能，探索交通与产业融合发展的新模式。

2.2.2　功能需求迫切性分析

除了满足基本的功能需求之外，服务对象对服务区功能需求的迫切性在一定程度上也显示出了极大的差异性。调查结果显示，对基础服务设施之外的服务需求迫切度依次为：餐厅、商店、休息室、绿地及广场、信息查询、医疗、旅馆、救援及咨询等。这些功能从某种意义上来说，可归为以下三个层次。

（1）基本要求

餐厅及商店是服务区非公益性服务的重要服务设施，也是服务区体现经济效益最为关键的组成部分。同停车休息、如厕、加油、充电、车辆维修等服务一样，仍然是满足高速公路使用者基本要求的，是服务对象最为需求的。但餐厅和商店是两个很广的概念，涵盖的种类很多，并不说每一种类型都适用于在服务区内存在的，故对餐厅和商店的设置还需细分。

2014 年，交通运输部发布《关于进一步提升高速公路服务区服务质量的意见》，明确择优引进社会知名品牌，推进专业化、连锁化经营管理，统筹

相邻服务区资源配置，促进资源节约与高效利用。鼓励创建具有市场竞争力的管理品牌、服务品牌或产品品牌。其中，餐厅应以快餐为主，以符合高速公路使用者的用餐心理及特征。同时，规模较大的服务区也可发展多元的餐饮服务项目，引进连锁餐饮品牌，向商场餐饮靠拢，推进专业化、连锁化经营管理，解决模式单一和商品质量低、消费高、体验差等问题。

而商店涵盖的内容更复杂更多元化。一般而言，包括超市、土特产专卖店、24 小时便利店、小卖部等。在"以人为本"的原则下，要求服务区的商店能提供 24 小时的服务，以满足夜间行车的司乘人员的需求，故 24 小时便利店的设置在服务区的建设当中显得尤为重要。但在调研中发现，由于夜间的顾客相对较少，容易造成大面积超市的资源浪费。因此，服务区可搭载数字化、智能化、自动化技术创建无人便利店，实现 7×24 小时全天候营业。同时，土特产专卖店作为一个极佳的宣扬本土文化特色的商业途径，目前正受到越来越多的重视。如江西省的多处服务区内均设置了本土特产超市——"绿滋肴"，与规模较小的 24 小时便利店一起，共同承担了服务区的商业功能，实现社会效益和自身经济效益的双赢。

（2）一般要求

除了满足服务对象的基本要求之外，服务区能否提供人性化、个性化的服务已经成为当前所关注的紧要问题，集中体现在三个方面：舒适性、安全性、便捷性。在调研中发现，目前江西省内大部分的服务区都缺乏对室内外空间环境的营造。室内往往就是随意的摆上几张桌椅以供司乘人员休息，在室外环境的营造上就更直白枯燥了，最常见的就是大面积的水泥混凝土覆盖地面的方式，绿化少、隔声效果差。功能空间的单一性、景观环境的随意性、风格特征的无指向性，无疑使服务区的服务品质大打折扣。有研究指出，经过长时间的驾驶乘坐在车厢密闭的空间，司乘人员心理上都有不同程度的精神紧张、郁闷烦躁的感觉，停车第一次进入服务区更有一种强烈的陌生感。因此，服务区在提供完善的服务设施满足服务对象生理需求的同时，还需要通过高品质的室内外空间环境来满足服务对象的心理需求。虽然说作为设计

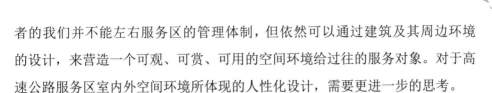

者的我们并不能左右服务区的管理体制，但依然可以通过建筑及其周边环境的设计，来营造一个可观、可赏、可用的空间环境给过往的服务对象。对于高速公路服务区室内外空间环境所体现的人性化设计，需要更进一步的思考。

同时，服务区的治安问题成为服务对象普遍反映的问题之一，服务区屡发偷盗事件已经成为一个巨大的安全隐患，严重影响了群众通行高速公路的安全体验感，使得服务区根本无法真正意义上实现其服务于高速公路的功能。因此，加强场区内的照明设施、安保设施，完善服务区安全监控网络，推进高速服务区警务室和交通执法服务室的建设显得尤为重要。并且，场区内的交通安全问题也不容忽视。随着交通工具的普及，服务区已成为长途出行的必经之路。尤其是在节假日期间，服务区面临着流量大、车辆多、停车难、充电难等诸多问题，给过往的司乘人员带来了极大的困扰。在对司机的停车习惯及方式的调查中发现：83%的司机表示会按标志指示停车、11%的司机按场地实际情况停车，仅有 6%的司机会较随意停车。由此可见，交通导向标志的设立、智慧停车系统的应用，在维持场区内部安全秩序方面起到了重要的作用。

此外，服务对象对自身出行的便捷性也表示出一定程度的关注，这是调查研究的另一现实问题。在被调查的出行目的当中，有 56%是因为货流业务，这说明在部分高速公路路段，货流运输仍占有相当大的比例，使得服务区有可能成为物流节点，依托高速公路网络进行综合性物流服务。与此同时，客流运输对服务区也提出了一定的要求。在共青服务区调研的过程中发现，由于昌九高速周边的城市距离较短，导致处于中间位置的共青服务区形成了一个客流中转，但由于服务区内部未设任何的候车设施，导致内部略显杂乱。因此，根据自身的区位优势在服务区设立客运接驳站点是适宜的。这一"服务区＋客运站"的新型客运枢纽，能够满足沿线群众快速便捷出行需求，充分发挥接驳站的旅客集散、货物配送及相关服务作用，进一步提高高速公路客运车辆大容量、快速化的服务优势，降低单位运输能耗，提高车辆运输效率。

（3）高级要求

随着高速公路网络化进程的加速，出行频率的不断增长，从而促使服务对象对服务区的功能提出了更高层次的要求。近年来，随着以大数据、云计算、区块链等为代表的新一代信息技术的广泛应用，服务业新业态新模式不断涌现，数字化转型升级趋势明显。高速公路服务区的服务对象不再满足于简单的基本要求，而是要获得更加舒适的空间体验，能够有选择地、便捷地获取信息，对高速公路信息网络的关切及对智能化技术的依赖都是社会发展的必然趋势。

2023 年，交通运输部发布《关于推进公路数字化转型加快智慧公路建设发展的意见》，明确指出要推动既有服务设施及充电桩等数字化，建设智慧服务区。汇聚公路沿线服务设施、车流量等动态信息，面向公众提供行前规划、预约出行、预约停车、预约购物、自助缴费以及途中信息获取、事后反馈评价和票款核查等菜单式服务，实现一单到底、无感无障碍出行和公路一站式服务，探索开展储值优惠、积分优惠、阳光救援等创新服务，丰富车路协同应用场景和服务方式。依托重点区域及国家高速公路主通道等，打造数字赋能的公路出行服务新模式。目前，江西畅行高速公路服务区开发经营有限公司已展开服务区产业数字化转型赋能服务升级，聚焦"数字交通、智慧互联"，打造"数据＋运营＋服务"一张网，将科技注入高速公路服务区经营、管理、服务全过程，满足群众美好出行需求，为服务区提质升级提供强大动力。

因此，作为新时期的高速公路服务区，应充分体现"以人文本""以车为本"的原则，运用物联网技术，加强服务区停车场、加油站、充电桩、电子巡更、厕所联网等信息化平台建设。整合服务区建立的信息化系统，建立统一应用服务平台，同时面向公众提供移动端服务，方便公众提前了解停车场、加油站等使用情况。在"互联网＋"、云计算、大数据的驱动下，对接交通、气象、旅游等部门，及时发布全省高速公路通行及服务区相关信息，全面提升公众的生活体验，推动服务区经营、管理、服务的提质升级。

2.2.3　功能需求拓展性分析

随着现代社会的发展，高速公路已成为人们进行远距离出行的必要选择。同时，作为"快进慢游"交通网络的重要组成部分，高速旅游也已经成为人们出行的一种新选择。资料显示，在全域文化旅游的拉动下，目前通过高速公路到达景区的游客占到了 90%，其中自驾人数占到 50%。这个巨大的客流量隐藏着无限商机，一方面，出行者希望在服务区享受到更多更好的途中休整服务；另一方面，高速公路收费政策的不确定性，倒逼着服务区进行相应的功能拓展。近几年，高速公路"服务区＋"概念兴起，全国各地围绕高速公路服务区功能拓展、提质升级展开了创新实践。2022 年 1 月交通运输部印发《关于服务构建新发展格局的指导意见》，指出"鼓励高速公路服务区根据自身特色和条件，适度拓展文化、旅游、消费以及客运中转、物流服务等功能"，为"服务区＋"的功能拓展指明了方向，主要包括文旅功能、商贸功能、物流仓储功能、综合能源补给功能等。

（1）文旅功能

高速公路服务区因其特殊的交通区位，成为当地与外界连接的窗口，具有得天独厚的地方展示平台优势。近年来，在国家关于促进交通运输与旅游融合发展的政策引领下，掀起了一阵高速公路服务区文旅融合发展的热潮。各地服务区通过改扩建、新建等方式成功地打造了一批文旅融合（交旅融合）服务区，江西庐山西海服务区是交旅融合的典型案例。这类服务区通过植入当地主题文化及市场资源（文化资源、旅游资源、产业资源）并赋能各类业态，在形成丰富体验的同时对客群产生足够吸引力，使服务区不仅能够为旅客沿途休憩提供高品质服务，满足日益多元化的出行需求，更能引领全域时代的消费新主张，还能有效宣传本土文化，带动当地旅游业发展。

（2）商贸功能

高速公路服务区除了是展示地方文化、旅游资源的平台外，还是名优特产商品对外展销的重要窗口。在地理位置优越、周边经济要素较多且周边环

绕村镇的高速公路服务区，应充分发挥高速公路服务乡村振兴的独特优势，在服务区内构建地方特色农副产品、生态价值产品展销平台的新兴乡村综合商业体。在靠近城市、车流量大且规模较大的高速公路服务区，应充分利用服务区这个流动平台，结合地方特色升级业态扩充容量，打造新型商业综合体。服务区将不再是与地方发展割裂的封闭空间，而是以开放式的姿态融入当地发展，通过将交通资源与地方资源的有机结合，统筹地方经济发展，加强服务区的商业价值。

（3）物流仓储功能

在服务区内设置必要的货物中转、临时存放仓库等设施的创新型双循环设计，可实现"大型货车不下高速"便完成货物转运，将有效促进主城区的非中心功能疏散，使传统物流项目对城市环境和人们生活的负面影响降到最低。当前，江西省已经将"高速公路服务区现代物流发展"项目列为交通强省建设试点任务，将试点对赣州西服务区开展现代物流提质升级改造并投入运营。赣州西服务区物流仓库将接入高速物流网，为服务区周边快递、冷链、生鲜提供低成本、高效率的存储、转运物流服务。后期将再对南康北服务区进行物流集散中心规划改造，探索高速公路服务区与物流业的高效融合，推动现代物流业进一步降低增效，促进现代物流业高质量发展，同时也为服务区多元化运营创造条件。

（4）综合能源补给功能

随着电动汽车的日益普及，高速公路服务区的能源供应形态也在发生变化，从传统单一的汽柴油补给逐渐转变为加油、充电、加氢、加气的综合能源补给。在新能源汽车保有量快速增长的背景下，充电配套基础设施的需求骤增。近年来国家有关部门陆续发布《加快推进公路沿线充电基础设施建设行动方案》《关于进一步构建高质量充电基础设施体系的指导意见》等多项政策，要求加强高速公路服务区充电基础设施建设，服务于燃油车的传统加油站向综合能源供给站转型成为必然。作为高速公路服务区的重要配套设施，综合能源补给站不仅能满足公众远途出行的多元化补能需求，也将助力服务区公共服务功能升级。同时，"光储充"一体化能源系统在服务区综合能源补给中的应用，有效地实现了光伏发电、充电桩充电、储能调度、商业消纳的有机结合，已成为绿色低碳服务区发展的趋势，是交通与再生能源的深度融合。

2.3　高速公路服务区的功能配置

根据高速公路服务区的定义，以及对不同服务对象的功能需求分析结果，一般地认为，一对功能完善的服务区必须具备以下几方面的基本功能。

2.3.1　为车服务的功能配置

① 停车场：主要为驶入服务区的车辆提供停放、安全检查及货物整理等活动的场地。

② 加油（气）站：包括加油、加气、加氢等，为行驶于高速公路的车辆补充添加燃料的服务。

③ 充电设施：用于为电动汽车充电的基础设施设备，主要是在室外停车场设置公共充电桩，为行驶于高速公路的电动汽车提供电能。

④ 充（换）电站：为电动汽车提供充电、更换电池的场所，是智慧网联技术下电动汽车出行的重要支持设施。

⑤ 汽车维修：为保证行车安全，专门为行驶中发生机械故障的车辆提供保养、检修、经销各类汽车零配件等服务。

⑥ 加水、洗车：为行驶于高速公路的车辆进行加水、降温、洗车等的服务。

⑦ 交通标识系统：为有效地指引驶入服务区的车辆行驶与停放的导向标志标识。

⑧ 场区信息显示屏：利用数据平台设置数据实时更新显示屏，显示服务区的车位信息，充分利用有限的停车场资源实现最大程度的停放需求。

⑨ 场区安保设施：为保障场区内的安全与秩序，为司乘人员、停放车辆及运送货物提供一个安全的场所而设置的功能设施。

⑩ 场区照明设施：为行驶与停留的车辆提供夜间照明的功能。

2.3.2　为人民服务的功能配置

① 公共厕所：为司机、乘客提供生理需要（如厕、盥洗等）的重要服务场所。

② 第三卫生间：在公共厕所中专门设置的，供行为障碍者或协助行为不能自理的亲人（尤其是异性）使用的卫生间。

③ 母婴室：方便携婴父母出门在外照料哺乳期婴儿，方便父母进行护理、哺乳、喂食、备餐的功能。

④ 淋浴室：为高速公路长途货运司机提供 24 小时免费热水淋浴服务。

⑤ 餐饮、购物：为乘客和司机提供就餐、购物、小卖等服务的部门。

⑥ 休息场所：为乘客和司机提供室内外休息场所。其休息场所的服务功能，应有电话通信设施，道路交通信息显示栏，以及高速公路运行有关制度、规定等栏目。

⑦ 金融服务：为乘客和司机提供金融服务，在 24 小时自助服务区增设银行 ATM 机，可办理存取款、转账、密码修改、查询余额等事项。

⑧ 信息通信：高速公路服务区应满足各种人群对信息内容和信息获取方式的不同需求，为公众提供电子显示屏、信息查询系统、公共电话及互联网等服务，及时介绍相关的道路路况信息、天气情况、安全旅行知识以及实时新闻等，以便司乘人员和旅客随时掌握各种信息以及与外界的沟通联系。

⑨ 司机之家：服务区的建设应充分体现人性化的服务，为过往司机尤其是货运司机提供专门的休息、洗衣等服务需求。

⑩ 客房：为过往的司乘人员提供客房服务，以满足长途旅客和接驳运输驾驶员的住宿需求。

⑪ 医疗、救护：服务区应该根据情况设置医务室和急救站，为高速公路

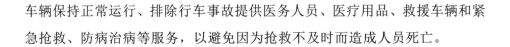

车辆保持正常运行、排除行车事故提供医务人员、医疗用品、救援车辆和紧急抢救、防病治病等服务，以避免因为抢救不及时而造成人员死亡。

2.3.3　附属服务的功能配置

① 管理用房：服务区内部管理人员日常办公的用房。

② 员工宿舍：为服务区员工提供生活、学习、娱乐服务的设施。

③ 辅助设备用房：包括配电间、水泵房及水塔等设备用房。

④ 执法执勤室：由交通运输执法部门使用管理，承担相应交通运输执法任务的工作单元。设便民服务、调查询问、警示教育、办公备勤等功能区，承担处理违法案件、接受群众咨询、开展普法宣传教育等职责任务。

⑤ 污水、垃圾处理设施：为服务区内部产生的污水及垃圾提供合理的处理，同时使生活污水最大限度地回用及固体废弃物有效地资源化，达到节能减排的目的。

⑥ 服务区 VI 标识系统：包括道路导向指示系统、警示关怀体系、服务设施标识系统、文化服务体系等内容。

⑦ 高速公路应急救援设施：用于应急救援的相关设施设备，以方便应急救援工作的开展，为突发事件的伤者及时搜救、救治，保护过往司乘人员的生命安全。

2.3.4　拓展服务的功能配置

同时，还应根据服务区所在的地理位置、区域经济、交通需求及建设环境等因素综合考虑，适当发展除基本功能以外的个性化、多样化的拓展服务功能。

① 旅游服务设施：若服务区选择在自然环境优美、靠近旅游景区的点位时，应充分满足旅客休闲和旅游的需求，既为旅客提供宜人的自然条件，又达到为旅游景区提供全方位服务的目的，有利于吸引车流、人流和发展旅游经济。

②野营停车区：调查发现，以旅游、娱乐等为出行目的已超过 50%，这成为服务区拓展服务功能中不容忽视的重要因素。尤其是未来发展的趋势偏向于房车的考虑，故在服务区内设置野营停车区，以方便"驴友"的出行是很有必要的。

③客运换乘、接驳站：目前，客流运输在高速公路上占有一定的比重。在当前形势下，应结合与周边城市的关系、高速公路客运服务的网络系统等来考虑设置客运换乘、接驳设施，利用过路的长途客车进行旅客运输。

④物流、仓储服务：服务区建于高速公路旁边，承接车辆方便，具备运输上的快捷性和方便性，并且途经和辐射的地区工商业比较发达，有较大的物流市场需求。因此，可以建立小件货物快速运输系统，开展运输、仓储、配送、中转、包装等综合性物流服务。

⑤特色商业：深度挖掘具有地方特色的商业业态，丰富高速公路服务区产品供给，挖掘地方特色满足司乘人员日趋多元的餐饮、购物、文化、休闲、娱乐、商务等消费需求，推动产业融合的同时，带动周边地区经济发展和居民就业。

⑥ETC 一站式服务网点：随着 ETC 系统的智能化升级，它不仅仅只是一个收费系统，还可以提供更加便捷、更多个性化的服务。服务区可根据车流量情况，增设"一站式"ETC 便民服务网点，融合 ETC 办理安装、设备激活、信息变更等便民服务。

⑦光储充一体化服务设施：即"光伏+储能+充电"，集成光伏发电、大容量储能电池、智能充电桩等多项技术。其中光伏负责发电，充电桩负责充电，利用电池储能系统吸收低谷电，并在高峰时期支撑快充负荷，同时以光伏发电系统进行补充，实现电力削峰填谷等辅助服务功能，有效减少快充站的负荷峰谷差，有效提高系统运行效率。

总而言之，服务区服务设施的功能定位，以提供公益服务为主，以满足高速公路使用者短暂休息、餐饮服务、车辆加油、维修等基本需求为目的。其他服务功能，根据交通需求与建设环境等因素，严格控制。

2.4　高速公路服务区的类型划分

　　根据服务区所处的道路交通条件、地理位置的不同，其具备的功能内容也将不尽相同。在进行规划、设计和投资建设时，不能笼统视为一样，而应该加以区分。因此，在服务区的规划建设当中，必须根据功能需求以及规模大小提出类型划分，但如何划分高速公路服务区的类型又是一个非常复杂的问题。

　　首先，影响服务区规划设计的最为主要的两个因素：一个是功能，另一个是规模。功能主要与服务区所在的地理位置、道路交通以及沿线环境有密切关系；规模主要是与设计交通量、交通组成、驶入率、高峰率、周转率等的大小有密切关系，而这些又都是与地理位置、沿线环境等密切相关的。所以，事实上，服务区的功能与规模是息息相关的，因此很难以此确定采用何种方法来划分服务区的类型。但是从高速公路服务区的基本概念可知，设置服务区的目的是为高速公路使用者提供服务的。因此，从功能的必要性及可选性的配置来进行规划设计是首先应该考虑的，而到底应该设置多大规模的服务区应该是第二步要考虑的问题。基于这个目标原则考虑，从功能方面或者说重要性方面确定服务区的类型划分，并对其功能进行确定是合理的。

　　在我国现行的公路工程行业标准中，并没有对高速公路服务区类型划分形成统一标准，各地地方标准中对本省高速公路服务区的类型划分也不尽相同。多个省市根据区域路网服务区规划，结合所在路段的交通区位、交通流量、车辆组成、场地特征、环境影响以及区域公路发展和建设的需求等因素，将服务区划分为三类：Ⅰ类服务区、Ⅱ类服务区、Ⅲ类服务区。而山东省在三类服务区的基础上增设第四类服务区，将停车区涵盖其中。其中，一类服务区是指设置在交通量大的干线高速公路上，靠近大中城市或主要旅游区周边，具有服务主导地位、规模大、功能完善，能为车辆和驾乘人员提供综合服务的服务区；二类服务区指设置在交通量较大的干线高速公路上，规模较

大、功能齐全，能为车辆和驾乘人员提供较全面服务的服务区；三类服务区指规模适中、功能较全，能为车辆和驾乘人员提供普通服务的服务区；四类服务区指规模较小、功能简单，可满足车辆、驾乘人员基本服务需求的服务区。停车区则是指规模较小、功能单一，仅具有停车、如厕、加油等设施的服务场所。

但在《高速公路交通工程及沿线设施设计通用规范》（JTG D80—2006）中关于服务区的定义，6.1.1 条第 2 点明确规定：A 级服务设施应每间隔一定距离，在适当位置设置服务区、停车区、公共汽车停靠站。服务区是在高速公路服务设施这个大概念之下的，与停车区及公共汽车停靠站是同一等级的并列关系。因此，对服务区的分类研究并不涵盖停车区。参照《高速公路服务区改建用地控制指标》[①]对改建服务区的分类方式，将高速公路服务区按照功能设置以及规模大小统一划分为以下三种类型。

Ⅰ类服务区——是指设置在路网发达、交通量特大区域中心附近位置，为路网区域中心服务区，能提供丰富、高水平服务功能，适应路段交通量 80 000 pcu/d 以上，可依托沿线地方资源优势，与高速公路沿线的商贸、物流、旅游、文化等相结合，集交通、旅游、消费、生态等复合功能的场所和建设设施，与周边同类型服务区的里程间隔应为 200～500 千米。

Ⅱ类服务区——是指设置在高速公路交通量较大路段和连接重要旅游景点及特色资源的交通便捷地点等位置，为高速公路干线服务区，适应路段交通量 50 000 puc/d 以上，具有主导地位，功能完善、规模较大，为车辆、驾乘人员和旅客提供服务的场所和建筑设施，与所在主线上的同类型服务区的里程间隔为 100～200 千米。

Ⅲ类服务区——是指设置在高速公路交通量一般情况路段，为高速公路普通服务区，作为Ⅰ、Ⅱ类服务区之间的加密服务区，能提供必需、必备服务功能，适应路段交通量为 35 000～50 000 pcu/d，为车辆、驾乘人员和旅客

----

① 为规范引导高速公路服务区改造建设和节约集约用地，自然资源部联合交通运输部于 2021 年印发《高速公路服务区改建用地控制指标（征求意见稿）》。

提供服务的场所和建筑设施，与周边服务区的平均间距不低于 50 千米。

三种不同类型服务区的功能配置如表 2-1 所示。

表 2-1　高速公路服务区功能配置一览表

功能配置		Ⅰ类服务区	Ⅱ类服务区	Ⅲ类服务区
车辆服务功能	停车场	●	●	●
	加油站	●	●	●
	加气（加氢）站	○	—	—
	充电设施	●	●	●
	充（换）电站	○	○	—
	汽车维修	●	●	●
	加水、洗车	●	●	●
	交通导向标志	●	●	●
	场区信息显示屏	○	○	—
	场区安保设施	●	●	●
	场区照明设施	●	●	●
人员服务功能	卫生 公共卫生间	●	●	●
	第三卫生间	●	●	●
	母婴室	●	●	●
	淋浴室	●	●	●
	餐饮 餐厅	●	●	●
	开水间	●	●	●
	咖啡厅 茶座	○	○	○
	购物 超市或购物中心	●	○	
	24 小时便利店	●	●	●
	特产销售	●	●	○
	休闲 室外休闲广场	●	●	●
	室内休息厅	●	●	●
	司机休息室（区）	○	○	○
	金融服务 服务网点	○	○	○
	ATM 机	○	—	—

续表

功能配置			I 类服务区	II 类服务区	III 类服务区
人员服务功能	信息通信	电子显示屏	●	●	●
		出行信息服务	●	●	○
		Wi-Fi 网络	●	●	○
		手机充电站	●	○	○
	司机之家		●	○	○
	客房		○	○	—
	医疗救护		●	●	●
附属服务功能	管理用房		●	●	●
	员工宿舍		●	●	●
	辅助设备用房		●	●	●
	执法执勤室		●	●	●
	污水处理设施		●	●	●
	垃圾处理设施		●	●	●
附属服务	服务区 VI 标识系统		●	●	●
	高速公路应急救援设施		●	●	●
拓展服务功能	旅游服务设施		○	○	○
	野营停车区		○	○	○
	客运换乘、接驳站		○	○	○
	仓储、物流服务		○	○	○
	专业农贸交易区		○	○	○
	地方文化展示区		○	○	○
	会议中心		○	○	○
	商务宾馆		○	○	○
	儿童游乐区		○	○	○
	ETC 一站式服务网点		○	○	○
	光储充一体化服务设施		○	○	○

注：●表示必备；○表示视情况设置；—表示不设。

2.5　服务区服务设施规模的确定

高速公路服务区需求预测的主要任务是确定高速公路的驶入（或停留，以下同）交通量和规模，驶入交通量主要基本思路是根据各服务区所处的地理位置、道路交通条件来确定各服务区的交通驶入率，并依据主线交通量来确定驶入车辆数（图 2-2）。

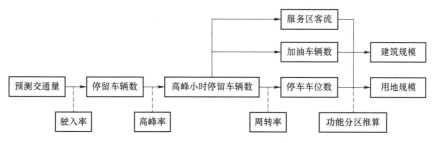

图 2-2　高速公路服务区服务设施规模计算流程图

服务设施用地规模由各类设施用地规模组合与叠加而成，包括停车场、道路、广场、园林绿化的用地规模，以及服务楼、办公宿舍楼、加油站、汽车维修站、水泵房、变配电房、污水处理等建（构）筑物的基底占地组成（图 2-3），各单元的组成原则上是根据规划交通量推算的停车位来确定，应按高速公路开通后第 20 年的预测交通量设计。服务设施应与高速公路主体工程"同步设计、同步实施、同步建成"。近中期预测交通量不大的服务设施，可按"一次规划、分期建设"的原则建设。分期实施的服务设施，停车场及房屋建筑设施可按预测的道路开通后第 10 年的交通量设计，用地面积及预留、预埋等相关工程可按预测的道路开通后第 20 年交通量设计。

服务区总体规模定义为：总体规模＝停车场＋餐厅＋超市＋旅馆（或休息室）＋公共厕所＋加油站＋维修所＋园地＋匝道＋其他。

停车场停车位车位数根据主线交通量与设施的利用率按下面公式求得：

停车位位数（一侧）＝一侧设计交通量×驶入率×高峰率/周转率

驶入率：驶入服务区的车辆数（辆/日）/主线交通量（辆/日）

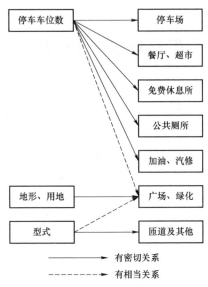

图 2-3　高速公路服务区总体规模计算图

高峰率：高峰时停留车辆数（辆/时）/停放车辆数（辆/日）

周转率：1（小时）/平均停车时间（小时）

由此可见，高速公路服务区的规模主要受到停车场面积、主线交通量、驶入率、高峰率和车辆周转率的影响。

2.5.1　用地规模

目前我国涉及高速公路服务区建设的现行规范标准有《公路建设项目用地指标》《公路工程技术标准》《高速公路交通工程及沿线设施设计通用规范》《公路服务设施设计规范》等，各地也相继出台了高速公路服务区设计规范及建设指南，对于引导、促进、规范各地高速公路服务区发展发挥了重要作用。但随着社会发展与出行需求的变化，国家标准和政策提出了新的要求。

对于新建的高速公路服务区而言，其用地规模应满足《公路工程项目建设用地指标》[①]（以下简称《控制指标》）的规定：服务区用地指标一般条件

---

①《公路工程项目建设用地指标》是对原指标（建标〔1999〕278号）的修订，由住房和城乡建设部、国土资源部、交通运输部于2011年联合发布，2011年12月1日起施行。

（即服务区所在路段按车道数可承载的通常交通量和大型车比例）下的基准值按表 2-2 取值。当实际建设的服务区所在路段的交通量和大型车比例与基准值的编制条件不同时，其用地指标按表 2-3 的系数进行调整。指标用地规模是与公路交通运行密切相关的、人车必需、安全环保应急管理必备设施的用地面积。不包含旅馆、娱乐、康体等商业服务设施以及物流仓储设施。

表 2-2　服务区用地指标基准值

公路技术等级	车道数	用地指标基准值/（hm²/处）	编制条件	
			路段交通量 Q/（pcu/d）	大型车比例 μ/%
高速公路	八	9.533 3	$60\,000 \leq Q < 80\,000$	$20 < \mu \leq 30$
	六	7.600 0	$45\,000 \leq Q < 60\,000$	$20 < \mu \leq 30$
	四	6.533 3	$25\,000 \leq Q < 40\,000$	$20 < \mu \leq 30$

注：表中路段交通量应采用服务区所在路段的预测第 20 年交通量。

表 2-3　服务区用地指标调整系数

公路技术等级	车道数	路段交通量 Q/（pcu/d）	大型车比例 μ/%				
			$\mu \leq 10$	$10 < \mu \leq 20$	$20 < \mu \leq 30$	$30 < \mu \leq 40$	$\mu > 40$
高速公路	八	$80\,000 \leq Q < 100\,000$	0.65	0.93	1.09	1.24	1.36
		$60\,000 \leq Q < 80\,000$	0.59	0.82	1.00	1.14	1.24
	六	$60\,000 \leq Q < 80\,000$	0.73	0.99	1.20	1.38	1.51
		$45\,000 \leq Q < 60\,000$	0.59	0.85	1.00	1.12	1.25
	四	$40\,000 \leq Q < 55\,000$	0.64	0.90	1.09	1.25	1.35
		$25\,000 \leq Q < 40\,000$	0.60	0.85	1.00	1.15	1.25

对于改建、扩建的高速公路服务区，受原有条件限制，情况比较复杂，且改建、扩建的内容、规模和方式较多，原则上应建成通车 3 年以上，并符合《高速公路服务区改建用地控制指标》[①]中车流量、驶入率、设置间距的相关要求，由项目建设单位提出改建申请及论证报告，由省级交通运输主管

① 为贯彻落实新发展理念，规范引导高速公路服务区（以下简称服务区）改造建设和节约集约用地，自然资源部、交通运输部于 2021 年制定了《高速公路服务区改建用地控制指标》。

部门提供该服务区持续不少于 12 个月的车流量、驶入率监测数据证明，依据《控制指标》核定用地规模。因安全生产、地形地貌、工艺技术等有特殊要求，确需突破《控制指标》的，应按规定开展建设项目节地评价论证，核定服务区用地规模。一般条件下（即服务区所在路段主线在通常交通量、大型车比例和车辆驶入率情况下）高速公路服务区改建用地指标按照表 2-4 基准值取值。

表 2-4　高速公路服务区用地指标基准值

服务区类型	主线交通量 Q	基准值/（hm²/处）	主要编制条件参数
Ⅰ 类	120 000	12.583 0	$\mu j = 25\%,\ \lambda j = 11\%$
	100 000	12.067 7	$\mu j = 25\%,\ \lambda j = 12\%$
	80 000	11.104 3	$\mu j = 25\%,\ \lambda j = 13\%$
Ⅱ 类	110 000	11.172 8	$\mu j = 25\%,\ \lambda j = 12\%$
	90 000	10.690 0	$\mu j = 25\%,\ \lambda j = 13\%$
Ⅱ 类	70 000	9.184 1	$\mu j = 25\%,\ \lambda j = 13\%$
	50 000	8.022 4	$\mu j = 25\%,\ \lambda j = 14\%$
Ⅲ 类	50 000	7.162 1	$\mu j = 25\%,\ \lambda j = 14\%$
	35 000	6.337 0	$\mu j = 25\%,\ \lambda j = 15\%$

注：1. 主线交通量 Q 的单位为 pcu/d（下同），改建服务区可采用所在路段主线的第 10～15 年预测交通量。

2. 按服务区类型和 Q 值查取基准值，当实际 Q 值不等于表中所列值时，可进行内插。

当实际建设的服务区所在路段的主线交通量、大型车比例和车辆驶入率与基准值的编制条件不同时，其用地指标按表 2-5 和表 2-6 中的系数进行调整。

调整指标＝基准值×调整系数 a×调整系数 b

表 2-5　高速公路服务区用地指标大型车比例调整系数 a

服务区类型	主要编制条件参数	大型车比例 μ				
		8%	15%	μj	35%	45%
Ⅰ 类	$Q = 150\ 000,\ \mu j = 25\%$	0.92	0.96	1	1.06	1.11
	$Q = 120\ 000,\ \mu j = 25\%$	0.91	0.96	1	1.05	1.09
	$Q = 100\ 000,\ \mu j = 25\%$	0.91	0.95	1	1.05	1.08
	$Q = 80\ 000,\ \mu j = 25\%$	0.93	0.96	1	1.06	1.10

续表

服务区类型	主要编制条件参数	大型车比例 μ				
		8%	15%	μj	35%	45%
II 类	$Q = 140\,000$，$\mu j = 25\%$	0.88	0.93	1	1.06	1.11
	$Q = 110\,000$，$\mu j = 25\%$	0.90	0.96	1	1.08	1.13
	$Q = 90\,000$，$\mu j = 25\%$	0.88	0.93	1	1.04	1.09
	$Q = 70\,000$，$\mu j = 25\%$	0.93	0.96	1	1.06	1.11
	$Q = 50\,000$，$\mu j = 25\%$	0.94	0.97	1	1.04	1.08
III 类	$Q = 70\,000$，$\mu j = 25\%$	0.95	0.97	1	1.06	1.10
	$Q = 50\,000$，$\mu j = 25\%$	0.93	0.96	1	1.04	1.07
	$Q = 35\,000$，$\mu j = 25\%$	0.94	0.97	1	1.06	1.10

注：1. 当实际 μ 值不等于表中所列值时，可进行内插；实际 Q 不等于表中所列值时，可按与 Q 值接近的上下限值分别查取调整系数 a_1、a_2，然后再内插计算 a 值。

2. 当 I、II、III 类服务区的 Q 值分别为 150 000、140 000、70 000 pcu/d 时，其用地指标基准值对应分别为 13.931 0、12.297 2、8.286 4 hm²/处（下同）。

表 2-6　高速公路服务区用地指标车辆驶入率调整系数 b

服务区类型	主要编制条件参数	服务区车辆驶入率 λ						
		5%	10%	λj	20%	25%	30%	35%
I 类	$Q = 150\,000$，$\lambda j = 11\%$	0.70	0.96	1	1.41	1.58	1.71	1.81
	$Q = 120\,000$，$\lambda j = 11\%$	0.70	0.96	1	1.37	1.56	1.71	1.84
	$Q = 100\,000$，$\lambda j = 12\%$	0.67	0.91	1	1.29	1.46	1.62	1.76
	$Q = 80\,000$，$\lambda j = 13\%$	0.67	0.90	1	1.23	1.40	1.55	1.69
II 类	$Q = 140\,000$，$\lambda j = 11\%$	0.65	0.94	1	1.39	1.59	1.75	1.88
	$Q = 110\,000$，$\lambda j = 12\%$	0.65	0.92	1	1.32	1.51	1.68	1.84
	$Q = 90\,000$，$\lambda j = 13\%$	0.62	0.85	1	1.24	1.40	1.56	1.71
	$Q = 70\,000$，$\lambda j = 13\%$	0.67	0.88	1	1.27	1.43	1.57	1.73
	$Q = 50\,000$，$\lambda j = 14\%$	0.69	0.87	1	1.21	1.37	1.51	1.63
III 类	$Q = 70\,000$，$\lambda j = 14\%$	0.62	0.87	1	1.24	1.40	1.56	1.71
	$Q = 50\,000$，$\lambda j = 14\%$	0.64	0.84	1	1.18	1.34	1.48	1.62
	$Q = 35\,000$，$\lambda j = 15\%$	0.67	0.84	1	1.18	1.29	1.43	1.57

注：1. 车辆驶入率 λ 是主线交通量中驶入服务区的车辆数比例，是各车型"综合驶入率"。

2. 当实际 λ 值不等于表中所列值时，可进行内插；实际 Q 值不等于表中所列值时，可按与 Q 值接近的上下限值分别查取调整系数 b_1、b_2，然后再内插计算 b 值。

2.5.2 设施规模

在服务区服务设施的构成中，停车场、餐厅、厕所这三项设施的面积与进入服务区的车流量、人流量直接相关，采用理论方法和公式计算。方法要点如下：

通过主线交通量，按规范规定的设计小时交通量系数转换成小时交通量，再根据驶入率计算进入服务区的车辆数，并按估计的每辆车乘客数，计算进入服务区的人流量；在此基础上，再考虑停留时间及相关参数（如就餐率、用餐时间、如厕率、如厕时间等），按 1 小时时间内的周转率，计算出所需的停车场、餐厅、厕所面积。

① 停车场：按停留时间确定的周转率，计算出需要的车位数，再根据单位车辆停车面积计算所需的停车场面积。

② 餐厅：按就餐率计算就餐人数，按用餐时间确定的周转率，计算出需要的餐位数，再根据每餐位标准面积计算餐厅面积。

③ 厕所：按如厕率计算如厕人数，按如厕时间确定的周转率，计算出需要的男女厕位数，再根据每厕位标准面积计算厕所面积。

我国各省服务区依据相关规范并结合当地实际情况进一步细化了服务设施规模建设的控制指标，此不赘述。

第3章 国内外高速公路服务区已有理论实践的设计方法概述

3.1 国外高速公路服务区建设的经验总结

国外的高速公路发展得较为成熟，早在 20 世纪 30 年代，就开始在德国等西方发达国家出现。伴随着高速公路的发展，高速公路服务区的规划建设也逐渐趋于规范、合理与完善，有很多值得我们借鉴学习的地方。但我国在高速公路管理体制及交通构成、车辆性能、出行习惯等方面都与国外有着很大的差异，导致服务区在需求与供给方面存在一定差异。因此，对于国外服务区建设的经验，应结合我国的实际而借鉴，并不能完全照搬。

3.1.1 制定合理的管理体制，提高服务区的效益

国外对高速公路服务区的建设和管理主要采取如下 3 种方式。

① 由私人企业投资兴建和管理，以欧洲各国为典型。

英国于 1983 年开始将高速公路服务区私有化，目前共有包括 Moto way、Break 在内的 5 家高速公路服务区经营公司掌控近 100 对高速公路服务区的经营权。而德国也在 1998 年对服务区经营管理进行私有化改造，与英国不同的是，德国在私有化之前全国高速公路服务区由一家国有的服务区管理公司——Tank & Rast 公司统一进行专业化管理。所以德国的服务区私有化相对比较简单，就是将 Tank & Rast 公司的国家股股权转让给 3 家私人公司，分别是从事保险、航空和基金管理的公司。

在私有化过程中，政府给经营单位发放经营许可证，具有许可证的单位

才有资格经营高速公路服务区。对改制前已建成的服务区，由政府出面招标确定经营单位；对改制后新建的服务区，政府完成规划后通过招标确定经营单位，经营单位自行出面（或政府协助）购买土地，自行设计，自行建设，自行经营。

②由国家监督，组建高速公路建设公司，由公司负责经营和管理。日本采用的就是此模式。

在日本，高速公路的经营管理由日本道路公团（Japan Highway Public Corporation，简称 JH）负责，而休息设施的经营与管理则分别由财团法人道路服务机构（简称 J-SaPa）和财团法人道路交流中心（简称 Hello Square）负责。J-SaPa 和 Hello Square 分别经营管理不同地点的休息设施，他们把服务区、停车区的饭馆、商店等盈利设施的店铺采用招商的方式出租，通过收取租金用于运营，为使用者提供更好的服务，包括：a. 服务设施的建设、经营与管理；b. 公厕的清扫以及手纸补给；c. 垃圾处理；d. 提供道路交通信息以及提供免费茶水等服务；e. 给交通事故遗留孤儿提供上学资金等社会福利事业。这些运营费用中没有政府的补助，完全是来自经营饭馆、商店等的收入。

③半官方半私人的经营管理，美国采用的就是此模式。

美国的高速公路服务区分为两类：一是建设在高速公路沿线的由政府投资与经营的服务区；二是建设在高速公路出入口的一般由私人投资的服务区。高速公路沿线的服务区比较简陋，只能提供最基本的服务需求，而私人投资的服务区无论是规模还是提供的服务内容都比政府投资的服务区要广泛得多。由于公路所有权有联邦政府的，有州、市所有的，也有私人企业所有的，使得服务区的设置与否可以根据交通流量变化和司机的需求情况灵活安排。在一些处于著名风景区的路段可能 2 千米、3 千米就会看到一个服务区，以备人们停车观光的需要。而一些偏僻地区的路段则 100 千米可能才会碰到一个服务区，在服务区之间还设有若干个休息区，提供的商业服务项目则很少。由于是根据市场需求而定，美国高速公路服务区的生意一般都很好。

3.1.2　明确合理的功能定位，避免资源浪费

国外服务设施除了具有为旅行者提供基本服务的功能外，为了达到以服务设施来养服务设施的目的，还开辟了多种多样的服务。许多便民服务内容是为了通过多种经营以提高营业收入，而这些服务内容反过来又大大充实了服务设施的功能。

服务设施一般可以分为基本服务设施和附加服务设施两类。服务内容中停车场、公共厕所、免费休息处，以及自动售货机（冷热饮、香烟以及快餐）为所有服务区、停车区必不可少。而服务区与停车区相比，在内容则趋于多而全，包括加油站（附带修理站）、信息服务中心、旅馆、现金提取机、投币（洗衣机、淋浴室、洗车机）等，而且许多为 24 小时服务。而英国把超时停车收费也列入服务区经营范围，凡停车超过 2 小时就需向业主支付停车费。与此同时，对于旅客中转和物流，西欧国家并没有开展。主要原因一是国家地域小，线路短；二是信息透明度高，供需双方很容易得到信息满足各自的需要。

3.1.3　控制服务区的规模及标准，提高使用率

国外规范中更多关注的是车辆安全行驶、服务质量等相关的设计参数，而对服务区占地规模并没有具体明确的规定。对于服务区的规模，国外认为不是越大越好，应根据车流量的大小确定建设规模，一般的在 70～100 亩，大型的在 150 亩左右，并且根据车流的增多逐步扩大。一般情况下，在远离城市、用地不受限的区域，服务区占地规模较大，但服务区内绿化率高，景观优美。相反，在城市近郊、用地紧张的区域，占地规模较小，并且采用紧凑型布局，绿化率较低（图 3-1）。

国外学者认为，占地规模较大的服务区实际是对原自然景观的开发利用，从这层意义上讲，服务区占地不等同于破坏原地貌的建设用地，因此也不能用占地指标来框定服务区规模。而在用地面积、地形等受限时，也会采

用非常紧凑的布局形式，有效地节约了用地。

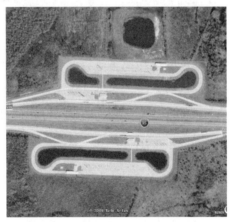

图 3-1 美国 95 号高速公路服务区总平面图（图片来源：Google Earth）

3.1.4 合理的规划功能布局，体现人性化服务

第一，在服务区的布局上，一般把加油站建在一个相对独立的区域，特别是规模大的服务区，都尽量把加油站设置在离餐饮、购物区较远的地方，以保证安全。

第二，大部分服务区的停车场都是分区停车的（图 3-2）。小车、大客车和货车都有各自的停车区，小车停车区离服务区入口处最近，大客车次之，货车最远。小规模的服务区停车分区不明显，但不同车种停车位会相对集中。

此外，停车场还设有残疾人专用停车位，并且设置在离商场入口最近、最方便的地方。有的还专门考虑夜间单身妇女的安全，设置专门的停车位。

图 3-2　美国某高速公路服务区总平面图（图片来源：Google Earth）

第三，精心设置赏心悦目的休息环境。如餐厅就餐处往往设计成透明玻璃墙，使墙内整洁优雅的环境与墙外绿水环绕、花红柳绿的美景融为一体，让过往的司乘人员在就餐的同时身心得到彻底放松，形成一个可观可憩的场所（图 3-3）。

图 3-3　英国 M6 高速公路某服务区综合楼（图片来源：百度图片）

此外，服务区在功能设施的设置上处处都体现出"以人为本"的服务思想。在购物商场内或入口处会设立儿童乐园，配备各种设施供少年儿童免费

游乐（图3-4）；在餐厅备有婴儿座椅，在厕所有专门的婴儿床，以方便顾客的休息、就餐、购物；同时还从无障碍设计的角度出发，设有残疾人专用厕所、卫生用品自动售货机、母婴室、淋浴房等，充分体现服务区的人性化。

图 3-4　日本割谷高速公路服务区儿童乐园（图片来源：百度图片）

3.2　国外高速公路服务区建设的实例及启示

按国外高速公路发展成熟的情况来看，可以分为三个片区：一是高速公路发展最早的欧洲，现已基本联网；二是号称在轮子上的国家——美国，高速公路连接着这个国家的每一寸土地；三是有组织有纪律，工作最为严谨的日本，在高速公路建设之前，就确定了管理体制和运作方式。

3.2.1　欧洲高速公路服务区

欧洲的高速公路在城乡之间、国与国之间，现已基本联网。欧盟 15 国高速公路有统一编号，如欧洲 1 号、欧洲 2 号等，而各国也有自己的编号。在如此发达的高速公路网络中，服务区的建设更是注重实用性、科学性的

表达。在欧洲，主线上空型服务区的建设屡见不鲜（图 3-5），其建造的原因
有二。

图 3-5　英国某跨越式服务区（图片来源：Google Earth）

一是在用地情况紧张的情况下，为了减少占地和方便服务区两边的人
们，采用主线上空型的形式修建，在跨线桥上修建商店和餐馆，这样通过跨
线桥沟通两边的服务区；

二是在风景优美的地区，为了不破坏环境或毁坏森林，服务区采取主线
上空型能最大限度地观赏风景。

而在服务区的形象上，他们认为服务区的对象是过路的旅客，他们需要
的快捷、方便的服务。因此，服务区的设施不需要豪华。在欧洲高速公路沿
途所见的服务区建设各具特色，但都不豪华，给人的感觉是整体大方，明快
实用（图 3-6）。英国高速公路服务区以商业私营为主，设有车辆服务设施、
厕所、快餐店、餐厅、小型食品店（例如 Marks and Spencer）和咖啡店（例
如 Costa Coffee），以供司机加油、休息或享用茶点。法国高速公路服务区则
以野营观赏为主，以附近城镇或村庄的名称命名，为房车和露营车旅行者预
留空间，提供各类服务——水、电和废物处理、房车停车或过夜等。而德国
高速公路服务区不同类型之间存在较大差异，部分服务区包括加油站、公用

电话、餐厅、洗手间、停车场，偶尔还有旅馆或汽车旅馆。而较小的停车区配套有野餐桌，同时仅有部分配套厕所。

图 3-6　英国某服务区综合楼（图片来源：Google Earth）

　　总之，西欧高速公路的服务区既能方便大众，又能结合地形保护生态环境，几乎每个服务区设计都有所不同，充分展现西欧人民注重对道路建设与自然和谐美的设计思想。

3.2.2　美国高速公路服务区

　　美国是一个轮子上的国家，不同种类的高速公路连接着美国的经济、政治、文化、社区、购物等各种中心，因此也衍生出不同种类的高速公路服务区。发展较好的服务区通常位于美国州或市政边界附近，被称为迎宾中心（Welcome Center）。一些迎宾中心包含一个小型博物馆或至少一个有关该州的基本展览厅。由于美国航空业务较为发达，许多旅客选择飞行作为主要的出行方式，因此一些州（例如加利福尼亚州）在远离州界的主要城市设有官方迎宾中心。在某些州（例如马萨诸塞州），这些服务区被称为旅游信息中心（Tourist Information Center），而在其他州（例如新泽西州），这些服务区被称为游客中心（Visitor Center）。其他类型的服务区，没有现代卫生间的服务区被称为"公路边"（Waysides）。这些地点有卡车和汽车的停车位，或仅可停放半挂卡车。有些设有便携式厕所和垃圾桶。在密苏里州，这些地点被称为"公路公园"（Roadside Park）或"公路桌"（Roadside Tables）。而仅有最基本的停车场，没有任何设施的服务区，被称为观景台（Scenic Overlook）。美国采取根据交通量的变化和驾驶员的需求灵活调节的策略，这种设置方式摊薄了投资成本，并使每个服务区都有可观效益。在处于著名景区的路段，服务区间隔 2～3 千米；而处于偏僻地区的路段，服务区间隔可能要 100 千米。

在美国，大部分服务区与快餐店、大卖场联手经营。与国内服务区相比，美国的服务区非常的优雅、干净，使你觉得它不像一个临时就餐、休息的地方，倒像是一个星级酒店。每个服务区都有三四个快餐店提供美味食品，自动饮料售货机也随处可见，因此完全不必为一日三餐担心（图 3-7）。同时，服务区商店内货架上的商品也是琳琅满目，干净整洁的书店让人感受到一种居家式的宁静。服务区还为到这里休息的人充分提供了方便，在每个服务区都设有电脑，随时提供上网服务。在洗手间的过道、走廊内都配备了投币、插卡电话，以满足不同人群的不同需要。专为残疾人设置的服务设施更是随处可见，让人感叹美国服务区这种以人为本的服务理念（图 3-8，图 3-9）。

图 3-7　美国某服务区的餐厅（图片来源：百度图片）

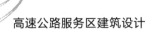

图 3-8　美国 95 号高速公路佛罗里达中心（图片来源：百度图片）

图 3-9　美国某服务区（图片来源：百度图片）

3.2.3 日本高速公路服务区

日本高速公路产业发展时间较长，经营模式也很成熟，尤其是服务区的建设和管理有其独到之处。其严谨细致的建设过程，可成为我国服务区发展的一个很好的借鉴方式。日本服务区的建设在内容上大同小异，"大同"体现了服务的标准化，"小异"则体现了地方特色。下面就对日本颇具有代表性的服务区进行简单阐述。

"足柄服务区"位于日本的交通大动脉的东名高速公路上，它的总体设计充分体现了与自然环境协调的设计思想。残疾人停车场的顶棚是太阳能电池板，为服务区提供一部分能源。从厕所内也可以望到美丽的花园。这里平均每天收集到 5 吨垃圾，因而设有小型垃圾分类回收处理及焚烧设备。除了一般的服务区具有的服务外，还设有同时供 300～400 人同时用餐的几个各具特色的大型餐厅，可以一边进餐一边眺望美丽的富士山。容纳几十人住宿的旅馆，以及浴室、邮局、银行等设施。新的"足柄服务区"代表了日本的高速公路停车休息设施的新水平。从"足柄服务区"的土地利用来看，绿地花园面积近半，已经突破了休息设施只是停车吃饭加油的概念，大面积的草坪，森林漫游小路，同四周的自然景观融为一体，成为一个新型的风景区。

近些年，日本高速公路服务区发展出新的概念——"高速公路绿洲"，是指与服务区相连的区域性促进设施的名称，意味着在高速公路上行驶的汽车可以在不离开高速公路的情况下使用大型购物中心和娱乐设施。同样，作为地区性休闲服务中心，当地居民可以通过普通道路到达，无须进入高速公路。"绿洲"的设置让服务区尽管是封闭高速公路上附属空间，但却能与周边社会环境相互融合、密切关联，最终成为能为旅客带来各种体验的微旅游目的地。如最为典型的刈谷高速公路绿洲（图 3-10），是爱知县刈谷伊势湾岸自动车道上的高速公路停车区。作为附设在高速公路休息站上的复合型设施，刈谷高速公路绿洲除了停车休息，配备有游乐园、温泉、公园、购物中心等多种功能，因此这里也是日本继东京迪士尼乐园和大阪环球影城之后，

日本第三大最受欢迎的大型娱乐设施。

图 3-10　刈谷高速公路绿洲（图片来源：参考文献［39］）

3.2.4　对我国服务区建设的启示

与国外服务区相比，国内的服务区无论是经营体制、管理理念、管理水平、建设环境等都与他们有一定的距离，以下四个方面可供国内服务区工作借鉴。

（1）管理体制——加快服务区管理专业化和股权多元化改造

从西欧及其他国家的服务区管理的过程看，服务区经营管理专业化、股权多元化是必然趋势。从目前的管理情况看，有利于提高服务质量和经济效益。据英国 Tank & Rast 公司介绍，与国有经营管理相比，现在整个服务区的建设要缩短三分之一工期，节约管理费用 30% 左右。同时，政府仍可以在规划、经营资格审查、出台管理制度等方面对服务区实行有效管理，使服务区的服务既达到政府的要求，又满足社会的需求。国内目前的服务区大多由各路段公司各自管理，管理方式和经营模式也不尽相同，这样的管理模式很难提高高速公路服务区的服务质量和资源的利用率。

（2）服务区的功能定位——可以适当开发新功能

由于国情不同，国内服务区可以比国外国家开发更多的功能。除了正常的停车、加油、休息、吃饭、购物外，在场地许可的情况下，处于省界接壤的大型服务区宜考虑物流和客流中转等服务。同时，一般的服务区不需旅馆，靠近旅游景点的大型服务区可考虑设旅馆，但要控制规模和标准。最好在建设期间就与连锁酒店共同投资和经营，以解决管理人才及客源问题。

（3）服务区的规模——适中

服务区的占地规模不是越大越好，而是在于其是否得到充分的利用。在服务区的建设过程中，对服务区用地面积的控制是交通运输部最为关注的重要问题，而已有的规范限制与服务区建设之间的矛盾却日趋明显。这就要求在服务区的规模配置方面，既不能墨守成规，也不能贪大求全。所以，在实际操作中，应根据车流量的大小和整体布局的关系进行充分的论证。

（4）服务区的服务——体现"人性化"

要把服务区提供"人性化"的服务理念贯穿服务区的规划、设计、建设和经营管理的各个环节中，融入服务区每个工作人员的日常工作中，并成为大家的自觉意识。这方面我们要做的工作还有很多，比如合理设计服务区的布局，为行车人提供更为清洁、舒适、安全、便利的服务；又比如为残疾人和儿童设立专门的服务项目，满足特殊群体的特殊要求；等等。

3.3 我国高速公路服务区建设的现状总结

我国从 70 年代初就开始了高速公路修建的前期准备工作，其中包括高速公路的技术资料翻译、科学考察、可行性研究以及测设工作，这些为高速公路的建设打下了基础。虽然经历了数十年的发展，高速公路服务区的建设已形成了一个较为完善的体系。但从运营现状来看，由于服务区发展比较晚，并且各省份发展不平衡，与经验较发达的国家仍存在一定的差距，主要表现在：

（1）在服务区的建设规模上，没能充分体现超前意识

近年来，高速公路的车流量迅速上升，但由于许多服务区在设计时对发展前景估计不足，使服务区显得太小，停车场拥挤，并且设计不合理，导致在拥挤的情况下混乱不堪。其他的基础服务设施的规模偏小，休憩空间不足、餐饮服务范围窄、公共卫生间拥挤等问题普遍存在，不能满足高峰时期司乘人员的使用需求，面临运营几年就要改造的窘境。

（2）在服务区的功能配置上，无法满足多样化的出行需求

随着我国私家车保有量的快速增长，高速公路自驾出行持续增长，进入服务区域的车辆结构也发生了巨大的变化，司乘人员的需求也发生了多元化、精细化、高品质的变化。但目前，大部分服务区仍处于"提供如厕、短暂停留"的基础状态，服务设施功能配置单一、简单雷同，内设布局合理性差，软件设施功能不足、信息化程度低等问题凸显。

（3）在服务区的建筑造型上，地域特色和建筑风格不突出

从外观看，很多服务区都似曾相识、雷同普遍、风格单调、缺乏创新，能给人留下深刻印象的建筑很少，服务区应该成为不同风格标志性的建筑，使人们在服务区不仅能得到休息、放松，还能得到美的享受。并且建筑本身也能成为高速公路上的风景，成为当地地域文化展示的最佳平台。因此，必须注意服务区的美学价值和景观功能。

（4）在服务区的绿色技术上，普遍缺乏对可再生能源的利用

服务区综合楼建筑的布局及朝向往往受到高速公路主线方向的影响，使得建筑在采光、通风等方面并不在设计的最佳状态，导致服务区的建筑能耗增大。而高速公路服务区又因其远离城市及自身的能源半孤岛属性，难以利用城市市政功能体系，因此在能源与资源利用上必须实现自给自足。同时，近年来建设和改建的服务区虽然配备了处理设施，但仍存在设备容量不足，处理能力不强的情况，服务区运营时产生的垃圾及污水造成了周边环境的污染，造成对环境的不可持续影响，增加了服务区的运营成本。

3.4　我国高速公路服务区的典型案例分析及启示

虽然我国大部分服务区仍然存在着这样或那样的问题，运营现状参差不齐。但不可否认的是，在全国各地的高速公路网上，确实是有不少规划与设计满足需求、服务设施配置合理以及运营状况良好的服务区。

3.4.1　阳澄湖服务区

阳澄湖服务区是沪宁高速公路沿线上六个配套建设的服务区之一，位于风景秀丽的阳澄湖畔，区位优势明显。得天独厚的地理位置和自然及人文景观，加之配套齐全的服务设施使它成为沪宁高速公路沿线上规模最大、也是最引人注目的一个服务区。

该服务区采用单侧集中式，沪宁高速公路在服务区南侧穿过，上海方向来的车流经北侧匝道入服务区，南京方向来的车流经立交桥进入服务区。服务设施相对集中，便于经营和管理（图 3-11）。在功能布局上，整个阳澄湖服务区由 4 个岛区组成，从使用功能出发，结合自然地形、地貌，把用地规

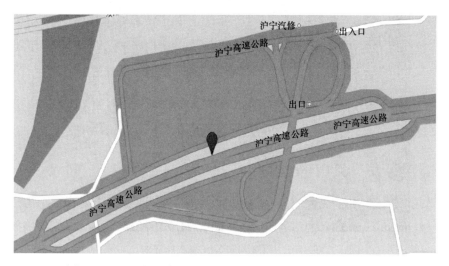

图 3-11　阳澄湖服务区的布局形式（图片来源：百度地图）

划成 5 个功能区，各功能分区功能各异、分工明确。在建筑设计上，围绕交通服务功能的满足和场所精神的体现这两方面来进行。综合楼采用整体、紧凑型的布局方法来满足快节奏的功能要求，同时又赋予了空间界面的地域特征。

2018 年，阳澄湖服务区进行全面升级改造。升级改造后的服务区完美演绎"梦里水乡，诗画江南"主题，成为古典与现代融合的"全国网红打卡地"（图 3-12）。服务区借鉴留园、拙政园、狮子林的特色内涵，建有涵碧、荷风、木樨、修竹四座迷你园林，尽显苏州园林韵味；修建宽 8 米、长 140 米的景观河道穿服务区主楼而过，采购江南百年古桥立于河上，并在屋顶布置国内体量最大、高度最高的人工天幕，绘制江南水乡特色；3 000 平方米科技馆以机器人为主题，具备科普、互动娱乐、产品发布等综合功能，服务区又变成科普教育基地；3 000 平方米非遗馆，与苏州市文化广电新闻出版局合作，打造包含苏绣、宋锦、扇面、木雕、核雕、根雕等多种非物质文化遗产的综合性展示体验。升级改造后的阳澄湖服务区总建筑面积达 5 万平方米，是目前国内体量最大的高速公路服务区。

图 3-12　阳澄湖服务区改造前后对比
（图片来源：中国新闻网、江苏省人民政府网）

图 3-12　阳澄湖服务区改造前后对比
（图片来源：中国新闻网、江苏省人民政府网）（续）

截至 2019 年上半年，江苏已完成近 90%高速服务区的转型升级，梅村、芳茂山、东庐山、仪征、大丰、堰桥、高邮、溱湖、宣堡等一批服务区的成功转型，逐步走出了高速公路服务区发展的"江苏模式"，形成了"江苏效应"。

3.4.2　济南东服务区

济南东服务区位于青银高速 K315 千米处，占地 300 亩，分为南、北两区，单侧综合楼建筑面积 6 555.55 平方米，是山东省规模最大的服务区之一，也是全国首个实现自我中和的"零碳服务区"（图 3-13）。零碳服务区建设是在服务区运营范围内全方位系统性融入零碳理念，整合节能、减排、增汇等措施，实现服务区内碳排放与减排、碳汇吸收自我平衡，达到零碳排放目标。

济南东零碳服务区建设基于分布式光伏发电、储能、交直流微网、室外微光、智慧管控、污水处理、生态碳汇等建设措施，构建可再生能源利用、零碳智慧管控、污废资源化处理、林业碳汇提升四大系统，推进零碳目标实现（图 3-14）。

图 3-13　济南东服务区全貌（图片来源：参考文献［40］）

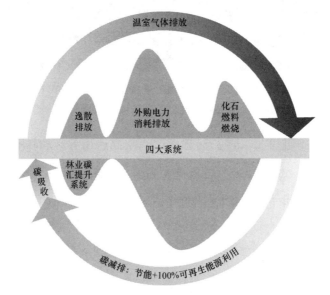

图 3-14　济南东服务区零碳服务区发展路径（图片来源：参考文献［40］）

（1）可再生能源利用系统

建立可再生能源系统，实现零化石能源消耗和 100%绿电供应。济南东服务区通过整合先进能源技术及装备，构建面向大规模可再生能源管控的零碳能源系统，配套交直流微网等基础设施，确保绿电的高效生产和稳定消纳。济南东服务区可再生能源系统包括分布式光伏发电＋储能、室外微光照明、交直流微网。

（2）零碳智慧管控系统

数字与科技赋能，构建零碳智慧管控系统。山东高速自主研发的零碳智

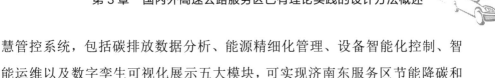

慧管控系统，包括碳排放数据分析、能源精细化管理、设备智能化控制、智能运维以及数字孪生可视化展示五大模块，可实现济南东服务区节能降碳和能源智慧管理。

（3）污废资源化处理系统

打造污废资源化处理系统，提高污水处理效率，具有智能化、低能耗、占地少、易运维、出水水质稳定等优点。

（4）林业碳汇提升系统

济南东服务区绿化面积约为 6.77 万平方米，绿化率达到 33%，为提高服务区碳汇能力，遴选固碳能力强的大乔木和竹林等植被，种植在服务区靠近围墙以及入口分车带等位置，增值面积达到 1.9 万平方米，营造了生态性及景观性有机结合的服务区室外空间。

山东高速服务区利用服务区的平台资源优势，深入探索"零碳＋近零碳＋氢能零碳"服务区建设模式，超前布局"油气电氢及光伏"五位一体的综合能源补给系统，为实现"碳中和、碳达峰"贡献"山高力量"。

3.4.3　沈大高速公路服务区

沈大高速公路服务区不是单指某一个服务区，而是整条沈大高速沿线的五大一小，六个服务区，它们除了在功能上一致外，每一个服务区都有自己的特色，但又是统一的整体，这足以成为沿线服务区整体性设计的典范。

首先，"花园式"服务区理念是沈大路服务区的基础。欧洲田园式的建筑风格、景观灯、雕像、池塘等都具有浓厚的人文特色。除了优美的环境和典雅的建筑外，"花园式"服务区的设计更突出的是其基于人性化考虑的功能配置及设施设计。

其次，用设计引导服务区使用者的行为规范。通过规划设计，合理引导车流，使车辆按区有序停放，把加油和修理引导到方便合适的位置。通过单体设计，合理布设服务区功能分区。通过门厅穿插各主要功能服务空间，公厕设在最方便到达的地方，并通过连廊，与各功能服务空间相通。并通过丰

富的立面造型来营造个性鲜明的视觉形象（图 3-15）。

复洲河服务区

井泉服务区

甘泉服务区

三十里堡服务区

西海服务区

图 3-15　沈大高速公路服务区综合楼的视觉形象（图片来源：参考文献［41］）

　　最后，超前意识的规划为二期发展提供了必要的保证。沈大路改扩建服务区规划设计中充分考虑了二期发展的条件和方向，并且建筑的外围护结构设计也充分考虑了节能问题，采暖设计，垃圾及污水排放设计也重点考虑了生态、环保的要求，为服务区的可持续发展奠定了基础。目前，沈大高速公路井泉服务区已完成了第三次升级改造。作为东北地区第一个改造的开放式商业综合体，井泉服务区创新多元业态，集餐饮、购物、休闲、娱乐于一身，成为新晋网红打卡地（图 3-16）。不仅如此，改造后的井泉服务区还成为东北首家高速公路与普通公路（202 国道）共用的服务区，是辽宁乃至全国高速公路服务区的一个创新。

图 3-16　沈大高速公路井泉服务区提质升级改造后全貌

（图片来源：人民资讯网）

3.4.4　总结及启示

从宏观的角度分析，以上实例建设的评价表明：服务区已不仅是一个配套服务设施，并已成为人们现代旅途中的新驿站，成为城镇的补充和延伸，是反映地方政治、经济、文化建设水平的重要窗口行业。时代赋予了它更多、更新、更广的内涵，集中体现在以下三个方面。

（1）社会目标

高速公路服务区的建设强调的是以公益性服务为主的，其主要目的不在于取得直接的经济回报，而在于获得最大限度的社会效益，加快经济的发展，提高周边城乡居民的就业水平，为树立交通行业良好的社会形象奠定基础。

（2）经济目标

服务区应像其他的产业一样走内涵扩大再生产和外延扩大再生产的道路。从外延扩大再生产地角度来看，就是要通过改变服务区与区域经济社会联系的硬件设施和软件设施，实现与外界市场的对接，这也是服务区能否作为一个市场正常发育的前提条件。从内涵扩大再生产的角度来看，通过服务区内部设施的建设和完善，吸引更多的人员和车辆来此消费，提高服务区的经济效益。

（3）环境目标

遵循对自然生态环境"最大限度地保护，最低程度地破坏，最强力度地恢复"原则；利用先进科技与节能环保措施对自然资源加以保护和利用，创造清新宜人，充满生机与活力，富有人文关怀，与自然融合的生态型服务区。

从微观的角度分析，以上实例虽然在所在路段的交通环境、区域的经济背景及服务区自身的发展方向等多方面存在诸多的差异。一个是服务区的个性之作，另一个是服务区的典型代表，两者在具体的方法和措施上不尽相同，但都遵循"以人为本"的基本原则，处处体现其人性化的设计，这都是具有实践借鉴价值的。

第4章　高速公路服务区建设设计方法的探讨

4.1　高速公路服务区设计要素的分析

在服务区相关概念逐渐清晰之后，做好服务区设计要从哪些方面入手，如何做好一个服务区设计项目，如何判定一个服务区设计方案的好坏，是当前需要解决的首要问题。服务区设计涉及的范围十分广泛，从社会的文化背景到基地的一草一木都有可能对设计构成影响，所以在设计中需要认真研究的因素很多，归纳起来这些因素可分为四部分：其一是人车需求要素，其二是物质实体要素，这两者是设计的主观基础，是设计的直接依据；其三是自然环境要素，其四是社会形态要素，这两者是设计的客观基础，一个是有形的，一个是无形的。

4.1.1　人车需求要素

生态建筑学理念认为，在建筑设计中要充分考虑到人的因素，建筑是为人使用，所以在设计中要充分考虑到人的舒适性和使用的方便性。而对于服务区的建设而言，考虑的不仅仅是人的因素，而且还应考虑车辆的行驶、供给及养护等需求。因此可以认为，服务区的使用主体更具多元性和复杂性。对人车需求的认知，包括了解服务区使用对象的构成，分析他们的行为规律和在场区内的活动模式，了解他们的行为及需求。将上述内容都大致分析清楚，才能使设计中的具体处理做到有的放矢。

4.1.1.1 人的需求要素

分析人的需求要素可以从两个基本角度入手。一是宏观角度，根据人的出行方式、目的及需求等外部影响因素的差异及转变来分析；二是微观角度，根据人个体自身的行为要求来进行考虑，具体体现在活动规律及心理特征两个层次上。

（1）把握服务区的定位

作为服务区的服务主体之一——司乘人员，其在出行目的及出行方式上存在着差异性，故对服务区的功能需求就不可能呈现出单一的格局。与此同时，由于各个服务区所处的地理位置不同，交通流的性质也不同，也决定了服务区在功能组成上是不可能会完全一致的。暂且不论两个相距甚远的服务区之间如何的不同，单从上饶与鹰潭这两个服务区的分析便可得知：即便是两个相邻近的服务区，在功能需求上也会出现较明显的差异性。调研结果显示，上饶服务区的客车停车位的需求量远大于鹰潭服务区，并且对用餐、购物等功能的需求也远大于鹰潭服务区，这是与两者距中心城市的距离及车程时间有关的，故应在上饶服务区内适当地增加用餐、购物等需求而设置的功能，以满足过往司乘人员的需求。

由此可见，只有明确服务区的功能定位，才能准确把握服务区设计的方向。因此在进行服务区项目设计时，一定要把视野放宽一些，从人的需求的宏观角度去分析和判断该如何设计，以使服务区设计能更好地体现其功能定位。

（2）关注功能需求的转变

服务区的功能并非一成不变，是随着外部条件的变化，尤其是随着人们生活水平的提高，私家车出行频率的增长，出行目的的多变，导致服务区功能在很大程度上发生了质的转变。目前的服务区在功能上已完全摆脱了单一的模式，已逐渐演变成供过往司乘人员休闲、娱乐、住宿、餐饮的场所，发生了根本性的功能转变。尤其是在"交通＋旅游"融合发展的大背景下，不少高速公路服务区已完成提质升级，在满足司乘人员休息、补给需求的基础上，深度挖掘地方资源加入旅游功能，营造为一个多元化的生态圈，完备的功能体系、生态体系和人文肌理使得服务区本身也成为了高速公路沿线一道另类的景观。

因此，在进行服务区项目设计分析时，一定要结合项目所在路段的背景和发展来设计特定场所的功能，以适应该服务区服务的目标群体的需求。

（3）遵循司乘人员的活动规律

分析司乘人员在服务区内的活动路径及规律，是从微观的角度来看待人的需求要素问题，同时也为服务区设施布局及服务区内部交通组织管理提供依据。根据观察可得，由于加油、加水、修理、保养、加油、检查整理货物等活动，司乘人员一般在车旁进行，这些活动并未形成行驶路线，因此在分析中略去以上类型活动，由此组成的分析构成元素也相对较少，集中为停车场—综合楼（包括公共厕所）—停车场。此间很明显地涉及使用的两大群体——人和车的使用流线。

目前很大一部分的服务区仍采用了"集中式"的停车方式，容易造成"客车货车混停、人流车流集中、人流车流分流困难"的现象，极不利便于"人车分离"，影响了司乘人员的活动路径。就活动的主体——人而言，使用公共厕所的频率是最高的，其中客车的频率又远高于货车的频率，而后才是餐厅。因此，在服务区布局时应考虑公共厕所与停车场之间的关系，并合理布置厕所和餐厅的位置，缩短上述类型活动的空间。在服务设施布局时要以司乘人员在服务区内活动的方便、安全和舒适为出发点，要合理布设服务设施的位置和联系通道，尤其是人行横道及走廊的设计。

（4）厘清场所与行为的关系

一般而言，人在日常生活中，通常会无意识地受到行为场所的暗示而活动。而服务区又作为一种立足于高速公路的特定场所，人在经过几个小时的高速行驶后，选择服务区进行休整是每一个司乘人员的必要性活动，这就是服务区功能性空间的职责所在。然而服务区内除了功能性空间外，并定存在

一种介质空间——我们可以统称其为交往空间，它与功能性空间一起，构成了服务区的整个空间系统，并为人的行为活动提供载体，贯穿于整个空间系统中。因此，我们在看待整个服务区的空间结构时，应从人的需求的微观角度出发，在重视功能性空间组织的情况下，亦不能忽视交往空间对于人在服务区内行为活动的载体作用。

服务区内的交往空间可以分为外部空间及灰空间两部分。在卢原义信的《外部空间设计》一书中，他把外部空间定义为："外部空间是由人创造的外部环境，是从自然当中限定自然开始的，是比自然更有意义的空间。"而目前绝大多数服务区尚未对此有足够的重视，往往是以水泥混凝土地面覆盖，生硬地隔断了各功能组成部分之间的联系，缺乏对各种活动可能性的估计。这将是下一阶段服务区建设所必须重视的问题。

而灰空间指的是建筑与其外部环境之间的过渡空间，以达到室内外融合的目的，比如建筑入口的柱廊、檐下等，也可理解为建筑周边的广场、绿地。目前服务区的设计已越来越多地关注到司乘人员进入服务区休息的心理特征，通过建筑设计手法来营造这种半室内、半室外、半封闭、半开敞、半私密、半公共的中介空间。这些灰空间的应用除了给行人带来行动上的方便外，还提供了一个非正式的休息、交流场所，更连接了室内外，给人一种自然有机的整体感觉。如在樟树服务区内，综合楼在人流聚集入口、餐厅设置柱廊，并通过连廊与公共厕所连接（图4-1），极大地增加了司乘人员自发性活动的可能性。同时从人的心理特征去分析，在服务区主要建筑的入口附近，提供给人的是一个重要的心理过渡，是从公共环境特定归属的转换。因此，在入口处的这一特定空间内设置座椅等可供停留休息的设施，是符合人的心理特征的，其空间的界定可通过低矮的绿篱和家具的围合来实现。

由此可见，使用者在场地内的活动需求可分为两个层次，对应分别为两种类型的活动。一类是必需的活动，这是服务区功能性空间的职责所在。另一类是可选择的活动，这类活动只有在条件具备的情况下才有可能发生。比如在场区内设置庭院绿地、景观小品等设施，在建筑内形成灰空间等，这些都会增加使用者非正式交流的概率。这两个层次的活动需求，前者是明确的，后者是潜在的，服务区的设计不仅要看到明确的使用要求，更要看到潜在的要求，这是提高设计质量的关键。

图 4-1　樟树服务区餐厅前侧的柱廊及后侧的休息平台（图片来源：作者自摄）

（5）重视特殊群体的特殊要求

研究从人的需求要素开始，一切基于人性化思考的设计均应充分考虑各种使用人群的需要。虽然在高速公路使用者的构成比例中特殊群体所占的比例极少，但作为人性化设计的关键因素仍不可忽视。这部分人群包括老年人、带婴幼儿的妇女及残疾人，他们有着不同的行为方式和心理状况，必须对他们的活动特征加以调查研究后，才能在服务设施的功能上给予充分满足，以体现"人性化"设计。如何兼顾不同使用人群的需求，如何在他们使用服务设施的同时感到方便、安全、舒适、快捷，是进行人性化设计时必须考虑的因素。

目前服务区的建设对于特殊群体关注的力度还不够，仅停留在建筑入口处的残疾人坡道、第三卫生间等基础设施的设计上，从功能设置及设施建设的基础上来看，并不能完全地体现人性化设计的精髓，应严格按照《建筑与市政工程无障碍通用规范》（GB 55019—2021）的要求完善服务区无障碍设计与全龄友好设计，体现人文关怀。完善场地与建筑在满足儿童与老年人使用需求方面的设计，应减少高差与台阶设计，提供低位服务设施，提供满足低龄与高龄使用需求的信息交流设施等，打造全龄友好的服务环境。

4.1.1.2 车的需求要素

车辆在服务区的需求要素关键在于服务区的功能布局是否符合车辆的行驶轨迹和动力学要求，这也是评价服务区项目设计的一个直观因素。反映到服务区的具体设计上，集中表现为以下几点。

① 从车辆的类型要求来看，由于行驶于高速公路的车辆类型较多，且各车辆的构成比例不均衡，以客车及货车为主。但是，各类型车辆对行驶及停放的要求均不同，且部分特殊车辆（如危险品车及特种车等）出于安全及卫生的角度，对于停放空间有着一定的要求。因此客观分析交通构成及比例，主观判断各车型的要求，是"以车为本"的基础。

② 从车辆的停行要求来看，其在服务区的停行是需要一定的活动空间的。因此在服务区功能布局时，要考虑车辆的停行要求。一般情况下不宜将大型车辆（如超长车）停车场布置在服务区的内侧，这与车辆的行驶轨迹不一致，不仅造成了大型车辆的停行困难，也影响了服务区内部的交通秩序和安全。

③ 从车辆的行驶习惯来看，其在服务区内部的停放方式应尽量保证车辆的顺进顺出。尤其是大客车及货车等大型车辆，其行驶轨迹较大，若是选择顺进倒出或倒进顺出等方式，未能充分考虑车辆的行驶习惯，这无疑是增加了驾驶人员的操作难度。

④ 从车辆的行驶安全来看，服务区内部的功能布局应避免车辆在拐弯处

紧急制动的同时又采取大角度转弯，这对安全是十分不利的。应将为车服务的部分功能布置在车辆正常行驶的路线上，方便车辆的驶入及驶出。

4.1.2　物质实体要素

对于服务区整体空间布局结构的把握必须从要素的分析入手，尤其是作为服务区图底关系的单个物质实体要素。厘清服务区空间结构中物质实体要素之间的组织和构建特色，不仅能更清晰地掌握服务区的设计方法，而且为目前判定一个服务区设计方案的好坏提供依据。

4.1.2.1　点的要素——细胞体系与服务框架的构成

（1）还原服务区组成的细胞体系

还原服务区设计工作最初的本质，将组成设计的物质实体简化为一个个的"气泡"，在此可将服务区作为一个生命体，而藏于其中的"气泡"我们称之为生命体的"细胞"，它是生命体基本的组成单位，也是存在于服务区内的点元素。每个细胞都有其最核心的决定因素——"细胞核"，在服务区内亦可称为服务核。服务核决定着各细胞之间的关系和组织方式，同时又跟细胞一样，具有灵活生长的特点。因此，基于服务核而生长的"细胞"是服务区服务体系结构的主要内容，是创造一个"以人为本"的服务空间的重要手段。其主要内容包括用地功能组成体系、规划布局结构体系、交通流线和道路结构体系及景观空间结构体系。

根据南城服务区分析（图4-2），设计以综合楼、停车场、加油站、维修所、辅助用房五大"细胞核"为重心，并衍生出以细胞核为主的一系列为之服务的内容，组成服务区的五大"细胞"，而后以序列排序的方式来组织细胞体系，使得南城服务区这个生命体能够正常运作。

（2）构建服务区建设的结构框架

结构框架的形成是服务区设计最重要的步骤，也是服务区建筑构成的重要部分，关系到最终建筑形态大格局的形成。对于服务区设计而言，其结构

高速公路服务区建筑设计

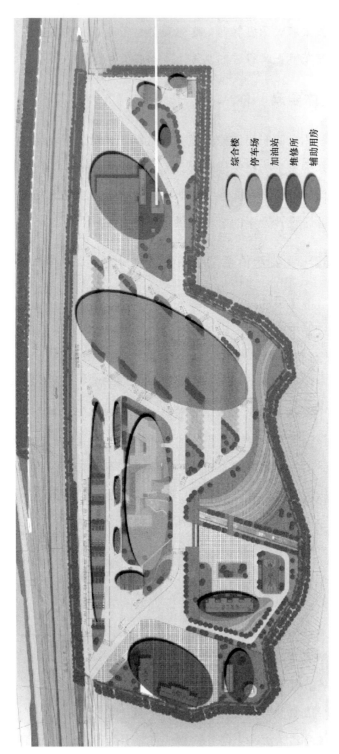

图 4-2 南城一侧服务区细胞体系图（图片来源：作者自绘）

框架的构成内容虽繁杂，但是只要根据功能配置及使用要求将各功能合理分区，在功能分区的基础之上，遵循一定的分区原则，建立起服务区的结构框架（图 4-3），便可发现在繁杂内容下的操作简易性。

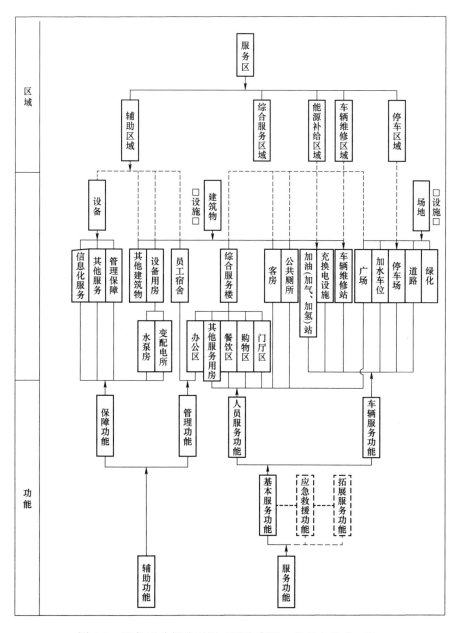

图 4-3 服务区功能分区图（图片来源：参考文献 [21]）

同样，对于功能复合的综合楼建筑，明确的功能分区是建筑最有效地表达功能适用性原则的手段，它具体表现为建筑内部各部分之间的功能联系。服务区主要建筑的功能组成因类型需求及建设规模而异，一般由门厅、公厕区、餐饮区、购物区、住宿区及办公区等几大功能分区所组成。建筑的各功能分区，根据其使用特点来说，可以分为两个层次：一是内外分别；二是动静分区。因此在设计时应注意各功能用房的特点，将其安排在合适的位置。

4.1.2.2 线的要素——脉络组织与建筑轮廓线的延续

（1）组织服务区内的交通脉络

构成服务区的一个个"细胞"原点，相对来说是静止的空间，然而在做整体空间构成时便构成了动态的空间。联系各动态空间之间的纽带就是穿梭于其间的流线，有着各种不同的目的，它们犹如生命体的"血脉"，如何做到这些"血脉"的畅通无阻、使用方便是维系服务区生命体的关键所在。

服务区内部的交通构成略显复杂，从停车目的来看，就可分为停车车流、加油车流及维修车流；从使用对象的物质属性来看，可分为人的流线及车的流线；从使用功能的组成来看，可分为主要功能区流线及后勤服务流线。在此基础上再从车辆构成的角度分析，有小客车、大客车、货车、超长车、特种车及危险品车，各车辆类型对行驶及停放的要求又不尽相同。若不能处理好各流线之间的关系，定会影响到服务区日后的正常运营使用。

（2）延续服务区建筑的轮廓线

高速公路上行车，对于驾驶员而言，由于长时间看见比较单调的事物，很容易导致视觉疲劳，导致存在一定的安全隐患。对于乘客而言，亦容易产生审美疲劳，从而失去行驶于高速公路上的乐趣。因此，对于高速公路沿途景观营造的重要性是不言而喻的。而作为高速公路景观构成的重要单元——服务区，其在视觉造型上寓内于外的表达显得尤为重要。对缓解过往司乘人员的视觉疲劳，打破单调景观事物的冲击有着不容忽视的作用，从侧面亦可反映出该高速公路路段的服务水平。但是服务区建筑由于面积不大，往往是二~三层，在视觉的纵向上受到控制。因此，要使服务区的建筑轮廓的走向在顺从于高速公路行驶视线的前提下，又要将其凸显于高速公路。

以梨温高速为例，全长 245 千米，沿线设置 4 个服务区，分别为——东乡、鹰潭、上饶及三清山。从行驶的时间次序来看，前三个服务区在视觉效果上较弱、个性表达不足、识别性不强，极易湮没在快速行驶的视线之外。而作为江西省东大门的三清山服务区，在与周边环境相互融合的情境下，在视觉形象上突出其标志性的意义，营造出强烈的视觉效果。该服务区综合楼的建筑形象在平行于线性的高速公路的同时，又在立面构成时就依靠建筑轮廓线的组织与延续（图 4-4），以横向线条为主，通过纵横穿插、高低错落的方式来表达视觉形象，这与音律当中的线谱述说是同一道理。

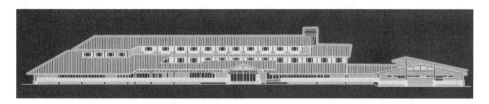

图 4-4　三清山高速公路服务区建筑轮廓线（图片来源：作者自绘）

4.1.2.3　面的要素——空间表皮与细部处理的协调

（1）覆盖服务区内的空间表皮

在明确构成服务区生命体的细胞体系、厘清服务区内的交通脉络后，就基本能够维持一个正常的生命迹象。但想要正常地维系生命的长久延续，便需要在本质的内容上覆盖保护层——即空间"表皮"，才能使服务区在功能和外形上趋于统一、相互协调。

一般而言，面是线的移动轨迹。因此对服务区设计而言，便可依据服务区的线——交通脉络移动的轨迹来寻求空间表层的表达。由此可认为服务区的道路结构体系和景观空间结构体系的覆盖便显得尤为重要，对人、车需求要素的把握仍然是其关键。对道路结构体系的覆盖应充分考虑车辆类型的差

异性及行驶习惯，明确场区内部行车道路的宽度及曲线半径；应确定道路的纵坡值，便于自然排水；应考虑车辆停放安全的要求，确定停车场的横向、纵向坡度等。而对景观空间结构体系的覆盖，有如前文分析，基于人的需求的角度出发，在厘清场所与行为关系的前提下，对服务区的景观空间环境有了个宏观的认识。

（2）协调服务区建筑细部处理

建筑的立面犹如建筑的表皮，如同人的脸部一样重要。建筑在考虑整体视觉形象的前提下，细部设计也十分重要，正是这些细部才使建筑有了丰富的视觉感受。一般而言，建筑的细部处理具体在三大方面：入口、阳台及顶部。其一，入口是人们进入建筑的第一印象，所以应协调入口与建筑的总体比例。如樟树服务区的建筑入口考虑大量人流的需求，与室外地面拉平，加大其入口尺度并赋予独立的视觉形象，识别性强。而吉安服务区的建筑，抬高入口标高、增设踏步，比例失调并不适宜使用；其二，对服务区设计而言，阳台的设计往往侧重作为建筑造型处理的手段，对增加建筑体量的阴影关系有着重要的意义；其三，建筑物的顶部是建筑造型的另一个重要组成部分，尤其是在视线广阔的高速公路上，事实证明平整的立面顶部并不适宜突出建筑的形象。

4.1.3 自然环境要素

自然环境作为亘古存在的生活空间，可以分为横向和纵向两类。横向是空间的延伸变化，我们把它归为地理环境；纵向则是在时间轨道上自然界随时代变化而产生的变化，我们称它为时空环境。

4.1.3.1 地理环境要素

地理环境要素是影响服务区建设的设计因素之一，它包括地景因素和气候因素两方面的内容。其中，地景因素指的是环境中的自然景观和人工景观。然而，服务区的建设与环境之间却又是一个错综复杂的问题。一方面，服务区基于自身特殊的服务对象和使用要求，其选址依附于高速公路，周边往往是最原始的自然环境景观。因此，在视觉景观效果上占据了得天独厚的优势。另一方面，周边的自然环境亦对服务区的运营使用带来了极大的困扰。从目前的调研结果来看，早期建设的服务区在使用环境上存在极大的窘境，服务区内蚊虫异常多，这给过往司乘人员的使用带来了一定困难。与此同时，服务区日常运营使用中产生的污物若不正确处理，也会对周边的环境造成破坏。诸多问题由此引发了一系列对于服务区建设与环境之间的思考。

（1）如何使建筑融入地景中去

现代建筑大师赖特的有机建筑论是对此问题的最佳阐释。有机建筑的独特性在相当程度上是基于一种对自然的阐释，他主张建筑应是一个自然的表演，一个与地点、环境以及居住者的生活融为一体的表演。基于有机建筑论的思考，认为使服务区融入地景中的方式主要有两种：尊重保护自然和融于自然。

尊重保护自然仍然是从"以人为本"的角度出发，在服务区内部功能布局、空间组合在满足使用功能的情况下，把服务区施工建设对环境的影响降到最低。如服务区的高填深挖，必然要求在实际用地之外构筑较宽的放坡地段，造成对土地资源的占用过多；施工过程中取用有植被的土壤作基层填料，或者开挖所产生的弃土堆放，会导致植被覆盖降低，破坏土壤结构；且大量取弃土若无有效防护措施而随雨水冲刷，也会造成严重的水土流失，这些都是不容忽视的问题。因此，对设计而言，在满足使用功能的情况下，应尽可能地减少服务区用地的大面积填挖方。

融于自然是将自然环境的意义诉诸建筑的形象，这种符号学的方法能够赋予建筑某种自然的属性，从而在视觉上与环境取得和谐一致的效果。而对设计思考而言，就是寻求解决建筑几何性和自然形态的非几何性之间矛盾的方法，从而在建筑中表达对自然环境的亲和力。如樟树服务区的综合楼（图 4-5），选择横向延展与竖向标识结合的方式，通过水平大屋面和标志塔相呼应，石墙面和大玻璃虚实对比的设计手法，在视觉上和自然环境有机结合（图 4-6）。同时，屋面的处理设计运用大小不同尺度的"分"与"合"，

搭接自然丰富，重复与变化当中求得均衡而丰富的形体和悦人的韵律。

图 4-5　樟树综合楼的立面层次（图片来源：作者自摄）

图 4-6　樟树服务区综合楼与周边自然环境的关系（图片来源：作者自摄）

（2）如何利用气候来建造建筑

气候是建筑设计中的一个重要因素，以江西为例，属于典型的亚热带湿润季风气候。在江西这个夏热冬冷地区的建筑中蕴藏着一系列适应气候的地域技术，如合理的建筑布局、开敞的平面形式、较深的门廊和遮阳板、实现保温隔热的构造技术等。而服务区的建筑布局在一定程度上受到高速公路主线方向的影响，东西向的建筑布局是无法避免的，因此设计应采取应变策略，从分析地区的气候条件出发，将建筑设计与建筑微气候，建筑技术和能源的有效利用相结合，也就是所谓的建筑节能设计。从目前既有的服务区情况来看，大部分早期建设的服务区均为对建筑的节能未引起足够的重视，无形中加剧了能源的损耗。

4.1.3.2　时空环境要素

不同的时空变化会对人的习俗性格、宗教信仰、文化素养、审美观念等诸多方面产生不同的影响，可以归结为人文因素。人文因素在建筑中又具有多种含义，其中最重要的就是建筑的地域性。建筑地域性的研究是一个漫长而复杂的过程，其中牵扯到诸多剪不断理还乱的头绪，包括它的地域特征、生活方式、民族文化、建筑材料的地方性等种种因素，这些特征往往都直接烙印在了居住者的精神追求及生活方式中。因此，对服务区的设计而言，在当前趋于"大同"的设计之下，如何寻求"小异"的突破点，这是建筑设计所需要解决的关键性问题。

从目前服务区的现状来看，能使人产生视觉共鸣、留下视觉记忆的建筑形象少之又少，大部分都流于"千面一律"的模式语言，湮没在高速行驶的流影之中。因此，服务区建筑的设计意识越来越强烈地召唤地域性，要在"大同"之中寻求"小异"的表达，强调表现个性化的、专属的视觉语汇，地域性建筑的设计呼之欲出。那么如何做到建筑地域性的表达，关键在于对一个地方建筑传统的深入了解和对空间的仔细研究、对地方性建筑材料的合理运用等，这些均有利于建筑设计的地域性特征的形成。

4.1.4　社会形态要素

社会形态的构成及表述异常复杂，包括政治、经济、文化、意识等诸多形态。从服务区设计的角度来看，可化繁为简地分为两部分——社会环境要素及社会观念要素。

4.1.4.1　社会环境要素

服务区建设中的社会环境要素主要是在设计项目的背景分析研究阶段中所涉及项目所在区域的政治、经济、文化及社会等多方面的内容，以及服务区所在路段的车流量、车辆构成及使用者功能需求的统计分析等。除此之

外，还牵涉到高速公路的投融资体制、管理体制、市场化程度、经营理念等。因此，对于社会环境的分析是影响今后服务区建成使用的一个重要因素。

首先，是对服务区所在路段的区域背景分析，需要了解周边城市的经济发展、历史文化及社会风俗等方面的内容，以此来确定该路段服务区建设所需的承载力及主题特色。

其次，应根据服务区所在路段预测交通量、驶入率等数据来理性计算并确定服务区的建设规模，并根据车辆构成及使用者功能需求的统计分析以建立可行性研究。从目前服务区的现状来看，大多缺乏对服务需求进行系统的定量、定性分析预测和建设规模的可行性研究，出现了投资规模失当、服务区没有按照实际需要建设的失误。有的服务区建设追求大而全，一步到位，但服务能力远远超过服务需求，造成资源空置、浪费，如婺源服务区；有的服务区又过小，刚建成几年就已经面临重新改造，造成资金的浪费，如吉安服务区等。

最后，确定合理的管理体制及准确的经营理念是保障服务区正常运营使用的"软件"设施。由于各条高速公路属于众多不同的业主（管理处），各业主对于服务区的建设和管理没有一个统一的认识和规划，造成服务区建设的无序和各自为政。并且大部分服务区都是采取承包租赁的形式，将服务区的管理责任转嫁给承租商，而大部分承包商对服务区进行短期经营，"家庭作坊式"经营，以经济利益为主，服务区经营品种单一，服务水平低下。并且服务区内部经营者较多，管理难度大，致使服务质量和社会形象都难以得到保障。

4.1.4.2 社会观念要素

社会观念是一个复杂而抽象的事物，它在某种程度上对服务区的建筑造型会产生或多或少的制约作用，怎样满足社会观念的要求是建筑能否被人们接受的直接原因。而服务区综合楼属于服务类建筑，同时又立足于高速公路具有视觉景观调节的作用。当今社会观念衡量其形象的最具共性的标准基本上有两类。

（1）体现建筑的服务价值

服务区综合楼建筑形象的服务价值，主要体现在它所塑造的风格特质上。服务类建筑的宗旨是为人服务的，因此其建筑性格应该是低调朴素、平易近人的，与人的心理感觉应该是亲切的，而非压迫的。

（2）衡量建筑的文化价值

服务区综合楼建筑形象的文化价值体现在它与已有的建筑形象特征的关系上，主要看它是否及如何继承了某些已有的建筑形象特征，或是否及如何有目的地有别于某些已有的建筑形象特征。如婺源服务区的综合楼建筑（图 4-7），所在的区域有着保存完好的徽派古村落，因此综合楼在试图表现徽派建筑风格和形象特征的基础之上，又有别于已有的建筑符号，这是满足社会观念对其文化价值要求的不可回避的问题。一方面，设计保留徽派建筑形象最本质的特征内容，如粉墙、青瓦等，使人在心理上容易产生一种场所归属感；另一方面，用现代技术来简化并构建传统建筑符号，使得建筑形象本身具有了时代感。

图 4-7　婺源服务区综合楼（图片来源：作者自摄）

4.2　高速公路服务区设计原则的确定

高速公路服务区是高速公路的重要组成部分，其目的是保障高速公路运营使用安全，以便从根本上完善高速公路的服务，适应高速公路的快速发展。

服务区的建设是一项复杂的系统工程，不只是简单地涉及服务区用地本身，而且还与高速公路发展战略、发展方向、政策法规、现状资源密切相关。因此，在服务区的规划设计中，必须遵循国家相关指导文件的规定，必须建立一个战略体系，系统地、科学地、合理地指导服务区的建设。

现阶段高速公路服务区的建设已不再是简单地停留在满足使用者的简单需求上，而是综合地运用多种方法进行的全方位建设。既要坚持以人为本，充分考虑人、车及货物的需求，尊重使用者的行为，又要坚持创新的观点，以发展的眼光来创造新的经济价值，同时还要以可持续发展的观点为指导，进行服务区绿色化、低碳化、智能化建设，促使社会、经济与环境的可持续发展。其设计原则具体来讲，可以归纳为如下几个方面。

4.2.1 多元与整体的结合——有机整体原则

高速公路服务区作为高速公路的附属服务设施，与高速公路的关系应该是一个有机的整体。因此，进行服务区的建设必须树立起一个整体的观念。

其一，从外部看，服务区是高速公路的一个重要组成部分，服务区的建设应根据区域路网建设规划和交通流特性，做到服务设施规划布局与路网布局规模相结合，项目服务设施布设与单点服务设施规模相统筹。合理控制建设规模，保证服务、发挥功能，减少占地、节省投资，提高规模效益。同时服务区所处的外部环境也是一个有机整体，因此，服务区的建设还应考虑与周边人文、自然环境的相协调，尽可能减少对周边环境的负面影响。

其二，从内部看，服务区本身就是一个有机复合体，多元共存是影响其建设的一个复杂问题。除了服务设施的建设之外，还有与服务设施相配套的其他用地，由于各功能用地布局相互影响，进行服务区的建设必须要统筹规划，合理组织好各功能用地之间的联系，使之成为一个有机而秩序的整体结构。

4.2.2 功能与需求的统一——以人为本原则

吴良镛先生在《广义建筑学》中提出，从"建筑天地"走向"大千世界"

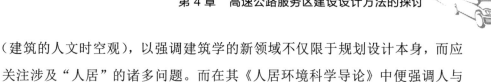

（建筑的人文时空观），以强调建筑学的新领域不仅限于规划设计本身，而应关注涉及"人居"的诸多问题。而在其《人居环境科学导论》中便强调人与自然的协调，其主要观点即认为人居环境的核心是"人"，要以人为本。

继而反观整个高速公路行业，显然它是服务性行业的一种，服务是高速公路行业的本质属性。发展是手段，服务是目的。而服务区作为高速公路提供服务的基础，为高速公路使用者提供完备、一流的服务设施是提升高速公路发展质量的必由之路。因此，在服务区的建设过程当中，贯彻落实"以人为本"的理念显得尤为重要。

那么如何做到"以人为本"？即要在周密细致地满足道路使用者的服务需求的基础之上，完善服务区的功能配置，达到功能设置的人性化。同时于整个建设过程而言，除合理完善的规划设计外，其涉及的细枝末节都应体现人性化，于建筑设计本身，应考虑无障碍设计等人性化设计。除"以人文本"之外，还应做到"以车为本"，应充分考虑车辆的行驶习惯，充分体现服务区建设的人本理念。

4.2.3 休闲与自然的共生——生态环保原则

服务区的基地环境多数情况下都设在广袤的原野之中，远离城镇，相对封闭，不同于一般的城市建筑，无可利用的外部资源，大部分须自身解决供水、供热等，要消耗较多的能源。尤其是供水问题，已经成为制约服务区运营的重要因素。同时服务区提供休息、餐饮、加油、机修等服务的同时，产生了大量的垃圾和排放物，给环境带来了不利的影响。目前，国家已下大力气进行环境保护和治理，倡导节能环保型社会，因此服务区的生态环保问题更是不容忽视。

当前服务区的生态设计内涵已大为拓展，从最初的自给自足、节能环保的自维持概念，发展到生态平衡，可持续发展的宏观的生态建筑；逐步从着眼于建筑技术的改进，拓展到包括建筑技术性与艺术性，自然性与社会性的整体文化范畴。服务区的环保、节能设计、太阳能利用和循环水利用等必将

是今后服务区设计的方向。

4.2.4 严谨与灵活的结合——适度超前原则

改革开放以来，伴随我国经济飞速发展，高速公路建设势头迅猛。在交通需求快速增长的同时，也在某种程度上显露出一些不确定性，这使得我国高速公路服务区建设越来越考虑长远计划。着眼于未来，科学合理地规划，做到既不铺张浪费，又能充分发挥服务区的功能，是近年来一些大型服务区的规划原则。这些服务区建设规模适度超前，在公路通车以后，采取不完全开放的政策。在路网规模扩展、交通量增长至一定程度后，才完全开放服务区的所有功能。这对服务区的建设、管理、运营及养护维修等都有很大的益处。

因此服务区的建设应充分考虑未来交通发展需求和复杂多变的使用要求，采取一次规划、分期开发的原则，通过科学的设计和精细的建设，保留足够的弹性发展空间，创造建筑布局形态严谨而灵活的开放型服务区。

同时，服务区设计应达到的一般要求有：经济、紧凑、灵活、舒适、稳定、发展。

（1）经济

在服务区的建设过程中应讲究经济效益，节约能源及运行费用，避免浪费。这就要求设计对服务区功能的准确定位及规模的有效控制。

（2）紧凑

服务区的建筑布局应紧凑有条理，合理确定场区内各设施的布局，符合使用者的活动路径及规律，使各流线便捷通畅，互不干扰。

（3）灵活

设计应有较大的灵活性，能适应空间的布置与变换。

（4）舒适

改善服务环境，营造令人愉悦、舒适、安静的气氛，考虑现代化技术服务设施，提高服务设施的使用率。

（5）稳定

要保持环境的稳定性，杜绝对周边环境的污染，以便服务区持久、平衡的使用。

（6）发展

为了适应高速公路使用者需求不断增长的要求，在服务区建筑设计中应适当考虑以下发展方案。

① 在总平面中留有余地，一次规划，分期建设。

② 建筑按近、远期分别设计，扩建后再调整房间用途（图 4-8）。

③ 在结构设计中留有潜力，可供加层。

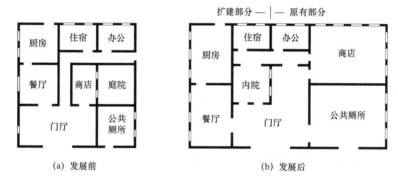

图 4-8　服务区综合楼建筑采用"模数平面"布置的发展方案举例
（图片来源：作者自绘）

4.3　高速公路服务区设计理念的表达

设计理念或者说观念，是设计者的一种思维习惯，它对于一个方案的设计及创新具有至关重要的作用。对于设计功能组成较为复杂的服务区更是如此，必须建立起一套属于服务区自身的设计理念及其表达方式。

4.3.1　基于保证功能准确定位的整体理念

高速公路服务区是保证高速公路安全、畅通、方便、快捷的重要配套设

施,"服务"是其最本质的目的。服务区设置的诸多功能从宏观层面上看是直接服务于过往的司乘人员,从微观层面上看可认为是间接服务于整个社会的,其功能定位是否合理、设施规模大小是否合适等都直接关系到服务区产业经济的增长和社会形象的树立。因此,从基于保证服务区功能准确定位的角度出发,在服务区被动服务向主动服务转变的背景之下,提出服务区前期统筹规划过程中的整体理念。它是建立在对服务区的内部环境和外部环境分析的基础上,对确定功能定位、控制建设规模起到关键性指导作用。

首先,应根据高速公路沿线所经区域的背景信息结合服务区所在路段的地理位置、交通构成等因素,合理确定服务区的功能定位。

其次,根据服务区的地缘优势及消费结构,全面考虑服务区发展的现实基础、环境条件和可能前景的前提下,进一步细分所需的功能配置,确定服务区的发展方向。

最后,在功能定位的依据下,根据预测交通量、驶入率等数据值来合理计算并控制服务区建设的规模。

4.3.2 基于服务对象使用需求的人本理念

在服务区的规划设计中体现"以人为本"的要求,就是要改变"建设就是发展"的传统观念,坚持把"用户需求置于服务区规划设计的核心",把不断满足人们的出行需求和促进人的全面发展,作为交通工具的最终目标。在工程本身的细微之处,体现对人的关爱,体现人性化的服务,注重高速公路服务区安全性、舒适性、愉悦性的和谐统一,为人们提供最大限度的出行便利。

而对于设计而言,"以人为本"最直接的反映就是从使用者的角度对设计进行全方位的思考,寻求人与场地、人与建筑、人与人、人与自然及人与社会之间关系的和谐。

在规划布局上,合理布置功能分区,组织各使用流线之间的关系,使客车与货车停车区分离,人流与车流分离。同时应"以车为本",充分考虑车辆的行驶习惯以布置停车场地及车辆停放方式，实现车辆的顺进顺出；

在建筑设计上，根据司乘人员的活动规律布置各功能空间，并通过细节处理来促进人与人之间的交往；

在空间环境上，通过室内外环境景观的营造来拉近人与自然之间的距离，将自然环境的意义诉诸建筑的形象，并强调突出地域文化，最大限度地与人文需求吻合、与自然环境交融。

同时，基于服务对象使用需求的人本理念，亦不能忽视对特殊群体的特殊要求，这也是考量服务区人性化设计的关键所在。因此，无障碍设计是服务区深化设计的必由之路。

4.3.3　基于地域建筑风格再现的文化理念

今天众多探讨文化与建筑关系的文献中都在强调文化的重要性，且文化的重要性显然已被很多领域普遍接受，但文化对于建筑设计的效用却表现得不是很明显。"文化"在设计中就像天气一般，"人人都在谈论它，却都对它无能为力"。为什么"文化"不易用于设计？分析主要原因在于"文化"本身是一个概念性术语，不是以"物"的形式存在，其表现过度抽象与笼统。因此对于服务区设计"文化理念"的表达要有一个明晰的中心思想，以便将其应用到设计与评价中，而这个中心思想可简述为如何在设计中再现建筑的地域风格。包括两方面的内容：

其一，对传统建筑形式及空间肌理的探寻和延续。建筑地域性最直白的表现就是建筑的形式了，通过解读传统建筑的形式，简化其复杂的构件细部，运用现代技术将历史符号抽象转化成当前语境下的形式语言。同时，建筑作为一个复杂的综合体，通过建筑内部空间营造出建筑场域，这种场域带给人们关于建筑空间的直观感受，从而营造出令人似曾相识的"归属感"。

其二，对地方性建筑材料的提炼及运用。建筑材料取材于当地的建造，经过发展也成为了表现地域性建筑的一个重要方面。利用地方性材料在某种程度上也可被认为是贴近自然，是再现地域建筑风格的手段之一。尤其是对

于地处偏僻的服务区而言,一方面大大节省了材料的运输费用,节约了工程造价;另一方面这种就地取材的做法能使建筑本身更贴近所处的环境,达到一种和谐共生的效果。

除此之外,在社会观念因素的影响之下,要求服务区设计既要把握传统地域文化的特征,让使用者在心理上容易产生场所归属感;更要在现代建筑设计理念的指导下,运用现代技术以创造出富有时代寓味的地域文化。

4.3.4 基于生态平衡持续发展的生态理念

在建筑学领域存在着生态建筑学的理论,它研究的是人类生存、生活、生产等一系列的行为规律,是目前建筑、城市规划设计的主要内容。而对于服务区的设计而言,它既涵盖了城市规划的原理,又包括了建筑设计的理论。因此,基于服务区设计的特殊性,在生态建筑学理论的指导下,可认为其基于生态平衡持续发展的生态理念主要包括以下几个方面。

(1)尊重环境——其实就是对环境的有效适应和结合,设计过程总体上表现为保留与加减的过程。

所谓保留,即是基于对场地原有自然元素或人工元素的了解和衡量,保留对设计有积极影响的元素。

所谓"加",即是谨慎地引进新的元素,利用一定的技术手段,尽量融合建筑形式的施工与自然环境之间的矛盾。

所谓"减",即是剔除与生态平衡不一致的负面元素,而这些元素可分为两种:一种是建筑维持运作所向自然环境排放的废气和污染物,其中主要包括人们日常生活中所产生的生活垃圾和废气;另一种是建筑自身在达到使用年限形成的自身废弃物。对于前者,应在整体规划上统筹安排,在服务区内需进行垃圾排放系统设计,利用中水处理和垃圾降解等生态手段进行必要处理;对于后者,要从建筑材料等方面统筹考虑,注意材料的循环使用,在可能的前提下尽量使用再生材料。

（2）节约能源——就是要减少建筑能耗，降低对自然能源的过度使用。

具体落实到设计上就是注重建筑的节能，其中涉及诸多的技术问题，比如布置合理的建筑布局、减少外表面积、利用技术设计进行自然通风和采光等，这些方面有时会和其他设计因素相冲突，这就需要设计用折中的手段来综合思考，必要时舍弃虚夸的建筑表现手法，而做到"以人为本"的原则。

同时，减少建筑能耗的另一途径就是针对于建筑的基本能耗，对这些能源的来源方式作设计思考的因素，提倡采用被动式能源策略，注重开发和利用可再生能源（如太阳能等），同时注重雨水的收集与再利用，节约能源。

（3）弹性设计——就是要"一次规划，分期建造"。

对服务区而言，其所处的外界环境存在着诸多不确定的因素，这就要求服务区的建设应采取弹性设计的方式。根据各自的条件及目前预测交通量的实际情况而定，同时又要长远考虑，为服务区日后的扩建留有发展余地。而对于设计而言，需考虑各种用地之间的不确定性，采取弹性设计的手法，在一次规划设计的基础上，选择分期建筑，在使用中不断完善服务区的功能，避免不必要的资源浪费。

第 5 章　高速公路服务区设计方法在实践中的解析和应用

对于高速公路服务区设计方法论的研究仅停留在理论基础上，是略显单薄的，其必定产生于实践，其目的则是在日后的设计中为实践服务，倡导实践活动。故对于服务区设计方法论是一个动态的研究，以实践的时间顺序为主线来依次提供解决建设问题的方法。从最初讨论研究可能的设计方案，形成模糊的设计想法，到中期方案深化，思路逐渐清晰，直到最终方案通过评审定稿，在服务区建设基本原则的理论指导之下，主要进行了四个阶段的设计工作。

5.1　第一阶段：服务区项目工程建设的经济性研究

设计的第一阶段是一个前期准备工作的过程，主要是在交通运输部初步设计批复的基础之上，进行调研确定本项目的功能定位及房建面积的数值。对设计而言，可以将其归结为服务区项目的经济性研究。所谓的经济性实则并不关乎于经济学的诸多问题，而是如何准确定位服务区的功能，如何合理控制服务区服务设施的规模。

5.1.1　服务区功能定位的确定

如前文所分析，高速公路服务区可分为Ⅰ类服务区、Ⅱ类服务区及Ⅲ类服务区三个类型。那么在服务区项目设计之前，如何确定服务区的等级，为下一步设计提供功能配置的依据是首要考虑并解决的问题。下面就对江西省内服务区出现的可能性来分析如何确定服务区的功能定位。

5.1.1.1　完全新建服务区的功能定位

这里所指的完全新建服务区是指依附于新建高速公路的服务区，对于完全新建的服务区的功能定位，只能根据高速公路整条沿线所经的区域的经济发展、自然资源、战略规划、交通网布置等各方面的信息资料进行整理和分析。一般而言，Ⅰ类服务区、Ⅱ类服务区设置应考虑高速公路服务区布局、区域经济社会等因素，Ⅰ类服务区宜建在双向 6 车道以上的国家高速主干线上或大中型城市周边、著名旅游景区、物流集散地、省界服务区等区域；Ⅱ类服务区宜建在交通流量较大的高速公路上或著名旅游景区的枢纽互通附近、距 50 万人口以上城市 150 千米范围内。Ⅰ类服务区和Ⅱ类服务区、Ⅲ类服务区宜间断设置，两个Ⅰ类服务区之间可连续设置多个Ⅱ类服务区、Ⅲ类服务区。相邻高速公路服务区的间距应根据交通流量、交通流向和区域路网布局规划合理确定，平均间距宜在 50 千米之间，最大间距不宜大于 60 千米。

以鹰瑞高速公路为例，该项目为济南至广州高速公路在江西境内的中间段，全长 306 千米，途经鹰潭、抚州、赣州等 3 个设区市的 10 个县（市），将与景鹰高速公路和瑞寻高速公路衔接，形成江西省东部又一条纵贯南北的省际快速大通道。根据交通运输部交公路发〔2008〕字 151 号批文《关于鹰潭至瑞金公路初步设计的批复》的要求，鹰瑞全线设置 5 处服务区，分别为金溪服务区、南城服务区、南丰服务区、广昌服务区、宁都服务区。其中，考虑到南城服务区所处位置是在福银高速和济广高速的共线段，承担着两条高速公路的交通量，其预测交通量将近一般路段的两倍。因此，为满足日后的实际需要，将该服务区的功能定位为Ⅱ类服务区（中心服务区）。

而其他四个服务区由于预测交通量比南城服务区几乎要小一半，交通需求并不如南城服务区高。在高速公路建成通车的初期阶段，为避免盲目浪费，将其他四个服务区的功能均定位为Ⅲ类服务区（普通服务区）。但考虑到广昌服务区与南城服务区的距离间隔及地理位置，适当的征大了用地面积，以

满足日后交通量增加而导致的停车场扩建工程（图5-1）。

图 5-1　鹰瑞高速公路服务区功能定位示意图

5.1.1.2　改建服务区的功能定位

目前现有的高速公路服务区，很大一部分都难以满足快速增长的车流量所带来的服务需求增长和交通安全保障需求增长的要求，都面临着改扩建的现实问题。这些面临改扩建的服务区如何对其进行功能定位，并不是简单地说现有的服务区不适用了，就立马把它无限扩大，按照Ⅰ类服务区或Ⅱ类服务区的标准去进行建设。其功能定位应该通过实地调研，对周边影响因素的发展可能性进行全面分析。通过对该服务区的主线交通量、驶入率、周转率等影响服务区使用的最为关键的外界因子的观察记录，来分析该服务区的各项服务设施是否饱和。

由于大部分的服务区显露的问题是在设计布局上的不合理，这并不能依靠简单的扩建来满足当前和未来发展的要求，关键是要通过充分的使用对象的调研，合理调整服务区的内部结构，扩大停车区，提高服务标准和服务效率，充分发挥其服务的功能。以赣粤高速公路为例，在《赣粤高速公路服务区规划可行性研究报告》中就清晰地指出："为提升高速公路安全保障系数，我们需要更大更多的服务设施和能力，但在现有服务区基础上全面扩建并不是可取的办法。"因此，改扩建服务区的功能定位应通过实地考察，并结合车流行驶特点及现有布局的特点，提出在具备发展潜力的沿线主要城镇附近建设若干规模适当、具备综合服务能力的Ⅰ类服务区（复合功能型服务区），配以现有服务区部分服务设施的提质升级，以"复合功能型服务区"+"中心服务区"+"普通服务区"的模式，建设高速公路南北服务区链条，以满足不断增长的高速公路车流量对服务、安全及旅游的需求。

由此可言，确立高速公路服务区的功能定位是一项复杂的系统工程，它是服务区产业开发与发展的方向标，是对服务区发展规划的高度概括。从某种意义上说，它也是高速公路服务区发展规划的一种模型和分析工具，通过这一分析工具，我们就可以对不同服务区发展问题进行直接的判断和分析。通过对服务区功能的准确定位，确定服务区的功能配置，为下一步确定控制服务设施规模提供了参考依据。

5.1.2　服务区服务设施规模的确定

服务区服务设施的规模是否合理，是决定服务区经济性的最为关键的因素。若偏小，会影响服务区的正常使用，过不了多久又将面临改建的命运，造成资金的浪费。若偏大，导致部分服务设施空置，维护成本增加，极大地浪费了资源。因此，控制服务设施的规模是必不可少的设计过程，也是交通部门对服务区建设最为关注的重点问题之一。但服务设施的规模却是一个异常复杂的过程，牵涉到的交通专业名词异常多，对于建筑学研究而言是一个跨专业的问题。因此，本次研究在交通专业研究的基础上，将规模计算本身简化为理性公式，为设计控制建筑面积提供必要准则。

与此同时，触及到一个规范问题，在各类规范当中对服务区的建筑面积都作了明确的规定。如何在国家及地方的规范规定值之内对规模的计算值进行合理调整，成为控制规模最为重要的步骤。下面以江西省地方标准《高速公路服务区设计规范》（DB36/T 698）2009—2022 年间对服务区房建面积控制的编制、调整及修订作详细分析。

5.1.2.1　DB36/T 698 建设规模指标的确定

（1）设施规模的计算

以鹰瑞高速为例，根据服务设施规模的计算公式实际计算得出鹰瑞高速公路服务区的房建面积：中心服务区（以南城为例）的规模：一侧建筑面积

为 6 840.4 m²，另侧建筑面积为 5 762.4 m²；普通服务区（以南丰为例）的规模：一侧建筑面积为 5 343.8 m²，另侧建筑面积为 4 223.8 m²。

（2）各类规范中所规定的设施规模

各类规范中所规定的设施规模在 2009 年现行的规范《高速公路交通工程及沿线设施设计通用规范》(JTG D80—2006)中 6.2.3 条有所规定（图 5-2）。

6.2.3 服务区的建筑规模，应根据交通量、交通组成、沿线城镇布局、用地条件等因素确定。其用地、建筑面积不宜超过表 6.2.3 规定。

表 6.2.3 服务区用地和建筑面积

服务设施	用地面积/（hm²/处）	建筑面积/（m²/处）
服务区	4.000 0～5.333 3	5 500～6 500

注：1. 服务区用地面积不含服务区出入口加减速车道、贯穿车道以及填（挖）方边坡、边沟等的用地。
　　2. 四车道高速公路采用下限值，六车道高速公路采用上限值。
　　3. 八车道高速公路服务区用地和建筑面积可根据交通量、交通组成等经论证后确定，但分别不宜超过 8.000 0 hm²/处和 8 000 m²/处。
　　4. 当停车区与服务区共建时，其用地和建筑面积为服务区与停车区规定值之和。

图 5-2 服务区用地和建筑面积规定值（图片来源：参考文献［24］）

由此可见，服务区的建筑面积为 5 500～6 500 m²/处，相当于一侧的建筑面积为 2 750～3 250 m²。然而随着高速公路的快速发展，社会的进步和交通结构的调整，交通运输和公众出行的能力又对高速公路服务区提出了越来越高的要求，规范中所规定的面积指标已远远不适应目前的发展局势，各地的地方标准中对服务区的规模均进行了重新调整。在《江西省高速公路服务区建设设计指南（2009 版）》（以下简称《指南》）中，对服务区的规模作了相应的调整（表 5-1）：

其表中所规定的建筑面积是根据课题组通过对省内多个服务区内调查统计的主线交通量、驶入率、高峰率、周转率等得出的停车车位数[①]，而后根据车位数计算得出的建筑面积，并根据江西省内目前服务区的实际使用情

---

① 停车车位数（一侧）＝一侧设计交通量×驶入率×高峰率/周转率。其中，驶入率为驶入服务区的车辆数（辆/日）/主线交通量（辆/日）；高峰率为高峰时停留车辆数（辆/时）/停放车辆数（辆/日）；周转率为 1（小时）/平均停车时间（小时）。

况，在一定的范围幅度值内进行调整而得。其中，中心服务区的建筑面积规定在（3 750～6 000）×2（m²/处），即一侧为 3 750～6 000 m²；普通服务区的建筑面积规定在（2 250～3 750）×2（m²/处），即一侧为 2 250～3 750 m²。

表 5-1　江西省高速公路服务区规模配置标准推荐值表

服务区类型	用地面积/（hm²/处）	建筑面积/（m²/处）
中心服务区	10.0～13.5	（3 750～6 000）×2
普通服务区	4.0～6.5	（2 250～3 750）×2
停车区	1.0～2.5	约 500

注：1. 应符合交通运输部项目批复的总用地指标要求。

2. 当各服务区设施共建时，其用地面积和建筑面积为各项规定值之和。

3. 服务区的用地应根据地形、周边环境及使用情况等采用适当布置形式，在总用地面积符合上表规定规模范围内进行调整。

4. 八车道高速公路服务区用地和建筑面积可根据交通量、交通组成等经论证后确定。

5. 当服务区规模超出上表的规定时，应根据交通量、交通组成等经论证后确定，采用商业化方式增加规模。

6. 风景旅游景点附近的服务区增设的旅游服务功能配置所需的用地面积和建筑面积不包含在本表规模范围之内。

5.1.2.2　DB36/T 698 建设规模指标的调整

根据提供的鹰瑞高速公路项目预测交通量而计算出来的服务区建筑面积及《指南》中所规定的服务区建筑面积范围值，对鹰瑞高速公路的中心服务区及普通服务区的建筑进行调整，使其达到最大限度的功效，避免资源浪费。

首先对中心服务区而言，南城服务区是在原基础上改扩建的项目，其用地范围值已考虑了未来发展的空间，在很长一段时间内可不再考虑其扩建的问题，故建筑面积可根据现状来控制。在前期的服务运营过程中，可暂不考虑员工宿舍的建设，与综合楼内的客房相结合，故在实际计算得出的建筑面积为 5 762.4 m²。但因为服务区两侧用地不均衡，西侧停车位数远比东侧要多，故建筑面积在表 5-1 中的范围值 3 750～6 000 m² 内，对计算值进行调整，

取其上限值，定出南城服务区的建筑面积控制在 6 000 m² 左右。

就普通服务区（南丰）而言，其为新建项目，在现有计算及标准的基础上，应考虑其发展的余地。由于普通服务区的用地较为紧凑，在现有布局上并无多余的用地使用，故在服务区的前期运营中，不考虑设置住宿部分，将综合楼内的客房作为员工宿舍使用，所以取实际计算的建筑面积为 4 223.8 m²，已超过表 5-1 所规定的 2 250～3 750 m² 范围值。在此，应选根据该项目段的 2020 年的交通量而得出的建筑面积计算值，即 4 223.8 m²。同时还考虑其发展的余地，在此基础上乘以 1.2～1.3 的折算系数，故普通服务区的面积可控制在 5 000 m²～5 500 m² 左右。

因此，对于新建高速公路服务区服务设施规模的确定，应首先根据主线预测第 10 年的交通量和相应的特征参数计算以确定服务区各个服务设施的规模。然后根据地方标准中所规定的服务区建筑面积范围值，对计算值进行适当调整。若计算值超出标准中的范围值，可根据计算值及场区内实际停车车位数来调整。若计算值在标准中的范围值内，仍可根据范围值适当地考虑发展余地。

《指南》经过服务区建设实践的验证与修改，形成江西省地方标准：《高速公路服务区设计规范》（DB36/T 698—2013）（以下简称《规范》），用以指导江西省新建、改建的高速公路服务区建设。其中，对高速公路服务区建设规模指标推荐值进行了调整。高速公路服务区建设规模指标推荐值见表 5-2。

表 5-2　高速公路服务区建设规模指标推荐值

类型	用地面积/（hm²/处）	建筑面积/（m²/处）
中心服务区	10.0～13.5	（5 000～6 000）×2
普通服务区	4.0～6.5	（3 000～3 750）×2

注：1. 当采用单侧集式布置时，其用地面积和建筑面积为各项规定值之和。

2. 用地面积不包括场区边缘外的填（挖）方边坡、边沟以及与主线连接道路的用地面积。

3. 高速公路沿线服务区总用地面积宜在表中规定的规模范围内进行调整；在风景名胜区附近设置的服务区建设规模宜适当增大。

4. 八车道以上高速公路的服务区建设规模可根据交通量、交通组成等论证后确定。

通过比对可明显看出,《指南》将服务区重新定义,按其使用功能将江西省高速公路服务区划分为中心服务区、普通服务区和停车区 3 种类型。其中服务区的概念涵盖了规范中的服务区与停车区,同时又对规范中的服务区细分。在此,服务区与停车区是上下等级的从属关系。而《规范》则重新将服务区定为一个概念,与停车区及公共汽车停靠站是同一等级的并列关系。同时,在确保中心服务区及普通服务区建筑面积上限值不变的前提下,将下限值进行了调整,进一步提高了服务区建筑面积的指标值。2017 年对《规范》进行过一次修编,仅增加了充电站设置、绿色公路要求,修改了停车车位类型、车型外廓尺寸和换算表、公共卫生间设施设计等内容,而对"服务区建设规模指标推荐值"并未做改动。

5.1.2.3　DB36/T 698 建设规模指标的修订

现行标准中对高速公路服务区建设规模指标推荐值是基于十年前的交通预测量进行计算的,明显已不适用于当前的发展需求。同时随着交通与旅游资源的融合发展,高速公路服务区的功能不断拓展,势必会对服务区的建设规模提出更高的要求。因此,在《高速公路服务区设计规范》修订说明[①]中明确指出,应按照"服务优先、扩展功能、规范管理、适度超前"的原则规划建设现代化高速公路服务区,并在 2022 年版的修订稿中增加了复合功能型服务区的建设规模指标,调整了中心服务区和普通服务区建筑规模指标推荐值。高速公路服务区建设规模指标推荐值见表 5-3。

表 5-3　高速公路服务区建设规模指标推荐值

类型	用地面积/(hm²/处)	建筑面积/(m²/处)
复合功能型服务区	18.0~26.7	(9 000~15 000)×2
中心服务区	10.0~16.5	(5 000~7 500)×2

---

① 江西省地方标准《高速公路服务区设计规范》修订说明是根据江西省交通运输厅相关要求,江西省交通投资集团有限责任公司组织开展的对江西省地方标准《高速公路服务区设计规范》(DB36/T 698—2017)的修订工作说明。

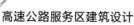

类型	用地面积/（hm²/处）	建筑面积/（m²/处）
普通服务区	4.0～8.0	（3 000～4 500）×2

注：1. 当采用单侧集中式布置时，其用地面积和建筑面积为各项规定值之和。

2. 用地面积不包括场区边缘外的填（挖）方边坡、边沟以及与主线连接道路的用地面积。

3. 高速公路沿线服务区总用地面积宜在表中规定的规模范围内进行调整；在风景名胜区附近设置的服务区建设规模宜适当增大。

4. 八车道以上高速公路的服务区建设规模可根据交通量、交通组成等论证后确定。

5. 与服务区配套的客运接驳、物流中心、治理超限超载、联合执法、应急保障、旅游咨询、旅游展示、特产经营、汽车露营地、开放服务区对外停车场以及新能源发展需求增设的加气等拓展功能服务设施可与服务区统一规划，科学确定用地面积、建筑规模并单独计划。

通过《高速公路服务区设计规范》近十年的实施与修订发现，高速公路服务区的建设应充分保障用地规模与建筑规模，为服务区的发展提供充足空间。在高速公路发展与出行消费需求的双重作用下，适度增加中心服务区、普通服务区的用地规模与建筑规模指标。同时，根据交通区位、资源禀赋、区域发展等建设复合功能型服务区，因其多元化服务需求而增设的拓展功能，所需的用地面积和建筑面积有所增加，参考国内其他同类型服务区的建设规模，复合功能型服务区建设规模推荐值在中心服务区的基础上上浮80%～100%。在政策允许范围内，根据功能布局，充分考虑流量增长等因素，尽可能预留用地空间，为服务区后续发展提供充足保障，同时注明社会服务设施用地面积和建筑面积单独计列。一般规定服务区的用地面积以预测的第20年的交通量确定，建筑面积以预测的第 10 年的交通量确定。

5.2 第二阶段：服务区项目工程建设的实用性研究

在前一轮的前期准备阶段结束后，便进入了设计的第二阶段，也是设计最为重要的阶段，即在保证服务设施功能性的前提下优化设计，使各服务设施发挥最大限度的服务功能，具体到设计上就两部分——总平面规划设计及建筑单体设计。

5.2.1 总平面规划设计

服务区总平面规划设计是从宏观规划的层面上对基地内所包含的设计内容的梳理，可以分为两个阶段的问题：一是构成元素各自形态的确定；二是各元素之间组织关系的确定。

5.2.1.1 功能组成

首先需要明确的是服务区建设所包含的内容有哪些。在确定服务区的功能定位之后，即可根据功能配置表进行适当取舍。一般而言，可以分为以下三部分。

① 为车服务的设施：包括停车场、道路、加油（气）站、充电设施、充（换）电站、修理所、降温池、加水设施、交通标识系统、场区信息显示屏、场区安保设施、场区照明等设施。

② 为人服务的设施：包括公共厕所、第三卫生间、母婴室、淋浴室、餐饮区、购物区、商务中心（含问讯、金融、信息化服务等）、司机之家、客房、医疗救护、室内外休息场所以及绿地等设施。

③ 附属设施：包括管理用房、职工用房、执法执勤室、配电间、水泵房（水塔）、污水处理、垃圾处理、服务区 VI 标识系统、高速公路应急救援等设施。

5.2.1.2 总图布置

在确定了总平面布置的内容之后，如何将这些内容理性地组织在一起，相互联系又不相互干扰，是总平面规划设计的第二步。

（1）服务区常用的布局形式

服务区布局形式的确定是服务区规划设计的初步，而它往往又与服务区的选址和征地有密切的关系。一般而言，在征地完成之后，基本上就确定了服务区的布局采用的是哪种情况。所以，从服务区用地与主线的关系上看，可认为服务区的布局形式有以下三种：

① 双侧分离式：服务区分别建于公路两侧，双向车辆和人员分别通过匝道进入各自一侧的服务区，使用其一侧的设施，如图 5-3（a）所示。目前国内大部分服务区的布局形式基本上都是此类型，无非在征地上出现对称及非对称的形式。

② 单侧集中式：服务区集中建于公路一侧，双向车辆和人员共同使用同一个服务设施，同侧车辆和人员通过匝道直接进入服务区，而另侧则以立交方式跨线进入服务区，如图 5-3（b）所示。这种形式的服务区能够有效的利用场地，可节地近 40%，节约运营成本，有利于眺望路侧的景观。但设计需要将一侧车辆经过立交方式引导至道路另一侧，当道路上的重车、拖挂车比重较大时，对桥梁荷载、宽度、转弯半径等要求较高，实施较为困难，适用于公路设计、地形地貌条件允许的服务区。

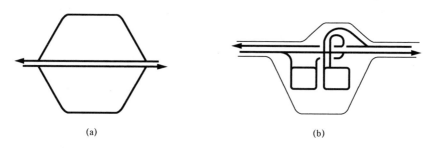

（a）   （b）

图 5-3 （a）双侧分离式和（b）单侧集中式（图片来源：作者自绘）

③ 主线下穿式：可以理解为双侧分离式的一种变型形式（图 5-4）。将服务区跨于主线上空，双向车辆和人员通过匝道进入服务区的停车场，通过各自一侧的入口大厅内的垂直交通设施进入跨建于主线上空的休息大厅进行休息、就餐、休闲等活动。

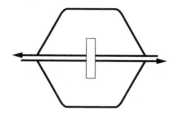

图 5-4 主线下穿式（图片来源：作者自绘）

　　主线下穿式服务区在欧美发达国家并不鲜见，这种类型的布局形式在节约用地方面有着毋庸置疑的优越性，并且能够大大减少建设的土方量。同时，主线下穿式服务区飞跨于高速公路上空，既构成了强烈的视觉景观效果，又为使用者提供了一个极佳的观景平台。目前在我国已出现此种类型的服务区，但并不普及。纵观目前江西省内已建成或待建或设计中的所有服务区，都没有此类型的服务区出现。对此，在鹰瑞高速公路南城服务区的设计中，我们就主线下穿式服务区的形式做了尝试（图 5-5）。

图 5-5　南城服务区（主线下穿式方案）鸟瞰图（图片来源：作者自绘）

　　由于考虑到服务区两侧用地的不均衡，为使东侧用地得到充分的利用，设计考虑将其建成跨越式服务区。同时，由于南城服务区是一个改扩建的项目工程，设计的初衷想最大限度地保留原有的服务设施，对其进行改造，以节约资源及成本（图 5-6）。即在原有服务区综合楼的位置之上，对综合楼进行改造，设计出一个跨越式的服务区方案（图 5-7）。

　　但跨越式服务区方案在实际操作中存在着局限性和复杂性，即便是建成了，在运营使用当中也存在明显的问题。

　　首先，南城服务区所处的特殊位置，其位于福银高速与鹰瑞高速的共线段，而福银高速已通车。若采用跨越式方案，如何在已正常通车的高速公路上施工？即便是采用封闭部分路段的措施，也势必会造成高速公路上行车的不便。

　　其次，跨越式方案根据造型需求而大量使用钢结构，这无疑造价增加，维修成本高。并且跨越式的非跨越部分大多都紧邻高速公路而建，这样一来，建筑将如何应对今后车道扩容的问题？

现状图

东片区

西片区

服务中心

加油站

基地现状

图 5-6　南城服务区的基地现状分析图（图片来源：作者自绘）

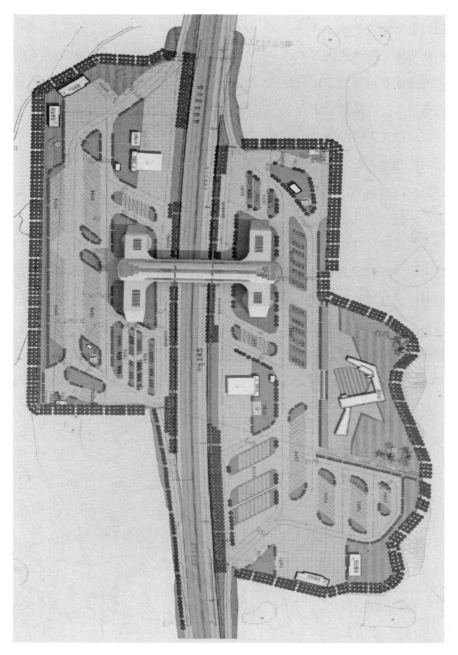

图 5-7　南城服务区（主线下穿式方案）总平面图（图片来源：作者自绘）

最后，跨越式方案飞跨于高速公路之上，同时为取得良好的视觉景观，往往要求营造出轻盈的建筑性格而大量使用玻璃幕墙，这会给行车者带来眩光问题，带来极大的安全隐患。

由此可知，跨越式方案并不是一个单纯的建筑设计，它的存在要求考虑到诸多的因素。一般而言，跨越式方案的存在的因素有三：一是在占地面积不够的情况下，跨越式方案无疑是节约了用地；二是为了取得标志性效果的情况下，跨越式无疑是最佳的直观表现；三是在风景优美的用地上时，跨越式能最大视角地浏览风景。但纵观目前国内已建成的几个跨越式方案，无一例外都存在使用率低、不实用的问题，根本无法解决使用问题。所以，一般情况下，不建议使用跨越式服务区的建筑方案。

因此，高速公路服务区的布局形式在很长一段时期内，仍然会以双侧分离式为主导，可对称布设或非对称布设。采用双侧分离式布设时，应设联系双侧服务区的通道或跨线桥。在实地的调研当中发现，吉安服务区设了跨线桥（图5-8），而其他服务区均设置了通道或涵洞。通过实际使用对比分析认为，设置跨线桥的实用性不如连接通道或涵洞强。一般情况下，服务区双侧的物资都是共享的，若使用跨线桥，只能通过人力来运送，给服务区的管理带来了极大的不便。而且在服务区的改扩建工程当中，都无法转变其劣势。所以在服务区设计前期，必须统筹规划设计好连接通道或涵洞的位置。一般

图 5-8　吉安服务区的跨线桥（图片来源：作者自摄）

从服务区管理的角度考虑，通道应限制车辆的通行，一般高 2.5 m，宽 4 m，只适合于小型车辆的通行。

与此同时，随着高速公路网的不断建设，服务区整体水平不断提升的背景之下，在地形条件允许的前提下，不排除出现其他形式服务区的可能性，以此丰富服务区的建设类型。如雅康高速公路泸定服务区（图 5-9），依山顺势巧用地形，首创了"平面三区布局，立体双边服务"的建设模式。与其他服务双向来车的单侧集中式服务区不同，泸定服务区双向来车均可以从自己的场区进入服务区综合楼，形成了国内独具一格的立体服务区格局。

图 5-9　泸定服务区效果图（图片来源：参考文献 [63]）

设计团队在泸定服务区布设了 A、B、C 三个停车功能区。雅安至康定方向为 A、B 区，A 区停放超长车及大货车，并设置出入口；B 区停放小客车、大客车，以主线桥下空间及道路连接。康定至雅安方向为 C 区，因位于隧道群中间，向东距最近的服务区车程约 2 小时，向西 40 分钟车程可达康定，在旅游高峰期势必出现潮汐式交通，造成服务区单侧拥堵。若采用双边服务区分别修建综合服务楼的传统设计方法，在潮汐交通来临时，会造成人力资源及建筑空间的极大浪费，且建筑密度大，不利于土地资源的有效利用。

为此，泸定服务区设计上利用 C 区场坪比 B 区场坪标高高出 8 米这一地形特点，参考单边服务区的建设模式，创新采用一栋综合楼服务于不同标高的服务区场坪，形成立体双边服务区的模式，就是将综合服务楼设置在 B 区，A、B 区从一层入楼，C 区通过跨匝道的人行天桥连接三层入楼，满足了两侧不同场坪对服务楼的使用需求。建筑造型的起伏跌宕与地形相契合，是国内首次建设共用一栋综合楼的立体双边服务区。

而主线下穿式服务区的建设，则容易成为新时期代表性服务区的又一力作，如三峡库区首个开放式服务区——巫云开高速红池坝服务区（图 5-10）。巫云开高速在设计和建设中，将促进乡村振兴作为重要的考量因素。巫溪县文峰镇金盆村附近的红池坝服务区，将建设成为三峡库区首个开放式服务区。它采用两侧连通的一体化设计方案，整体上跨公路主线，主线以隧道的形式下穿服务区，占地面积达到 200 亩，可以建设面积更大的商业体，布局更多功能。整体建成后，红池坝服务区将成为离红池坝景区最近的服务区，方便游客前往红池坝，其设计中的"打卡"属性也吸引红池坝游客来此消费。

图 5-10　巫云开高速红池坝服务区效果图（图片来源：重庆之声）

（2）服务区内部设施的布置方式

服务区内部设施的布置可遵循一定的方法步骤：先根据服务区的地形地貌等综合因素确定综合楼的平面位置；再对加油站、道路干线进行布置；最

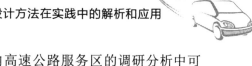

后再考虑其他设施的布置。通过对江西省内高速公路服务区的调研分析中可以发现，服务区内部设施的布置方式在某种程度上或多或少地都存在相似性，有一定的规律可循，因此可以梳理出下面这种模式。

① 综合楼宜靠近场区前侧布置。在上饶及鹰潭服务区的分析中就给出了事实的例证，其靠后布置的综合楼形象在快速行驶的高速公路上几乎被湮灭。当然，综合楼靠场区前侧的布置也有一定的要求。首先应考虑噪声影响的因素，综合楼与高速公路应有一定的距离。同时，应充分考虑所在路段高速公路的扩容问题，倘若综合楼太靠前，势必会给今后高速公路扩展车道带来难度。因此，综合以上各方因素认为，综合楼与高速公路的安全距离应大于 50 米。

② 独立设置的公共厕所应有连廊与综合楼相连，也可与综合楼合并设置。目前服务区内公共厕所的做法都是独立设置的，一来可以避免厕所产生的异味对综合楼的影响；二来具有强烈的识别性，方便使用者的使用。与此同时，独立设置的公共厕所与综合楼应有连接方式，既可起到引导人流的作用，又可挡风遮雨，充分考虑使用者的使用要求。

同时，公共厕所也可与综合楼合并设置。与综合楼合并设置时，公共厕所应有独立的出入口，形成区别于综合楼其他服务设施的识别性。并且应考虑公共厕所产生的异味对综合楼的影响，可以通过内庭等来有效组织通风。

③ 加油站应设置在场区出口处。当加油站置于场区入口或中间位置时，在实地调研的分析中暴露了众多问题。将加油站设置在场区出口处，已成为当前服务区规划设计的硬性规定。

加油站置于场区出口处时，应独立成区，四周环路贯通。是因为考虑到一部分司机习惯加油后再休息，设置环路贯通方便其加完油后再返回至服务区内休息，而不影响到其他加油车辆的行驶路线。

④ 修理所、降温池、加水设施宜设置在场区入口处。这样便于故障车辆及时进行维修，有利于服务区内部安全。同时由于车辆维修易对周边场地形成污染，因此，对修理所等用绿化设施进行空间隔离，或布置在服务区的某

个角落，以免影响整个服务区景观。

⑤ 附属建筑的位置应隐蔽。服务区的附属建筑一般有员工宿舍、配电间、水泵房（水塔），以及污水处理和垃圾处理等。在规划设计当中，往往容易忽略污水处理设施的布置，其布置有着特殊的要求。一般而言，应顺着与场区内部的道路排水方向，布置在排水的下方向。

各大功能设施的布置基本确定后，总平面的设计基本上就完全了大半（图 5-11）。除了以上基本的服务设施外，总平面的设计还应注重其他功能设施的规划，如场区内的照明设施、监控装置及安保设施等。同时，还应统筹考虑远、近期规划，设计不宜太满，适当留白，为将来的发展留有余地。

5.2.1.3　交通组织

基本确定服务区各功能设施的布置方式，形成明确的功能分区之后，接下来就是对穿插于其中的各交通流线进行一个合理组织。首先应深入分析各交通流线之间的联系，根据使用活动路线与行为规律的要求，有序组织各种人、车交通，合理布置相关设施，才能将服务区的各部分有机联系起来，形成统一整体。

（1）交通秩序分析

服务区内部的交通组成是个异常复杂的问题，牵涉的对象很多，各对象的目的性不单一。

① 从驶入车辆的停车目的而言，可分为停车车流、加油车流及维修车流。首先，应避免不同车型行车路线的相互干扰与冲突；其次，不同停车目的的交通流线应清晰明确，易于识别，线路应通畅便捷，尽量避免迂回、折返；尤其是当加油站设置在服务区出口时，站内的交通流线应考虑车辆休息前加油、休息后加油、直接加油三种情况的行驶路线，避免不同目的性车流的相互影响（图 5-12）。

② 从使用对象的物质属性而言，可分为人的流线及车的流线。由于服务区是同时为人和车提供服务的，因此，在总体布局上特别要处理好为车服务

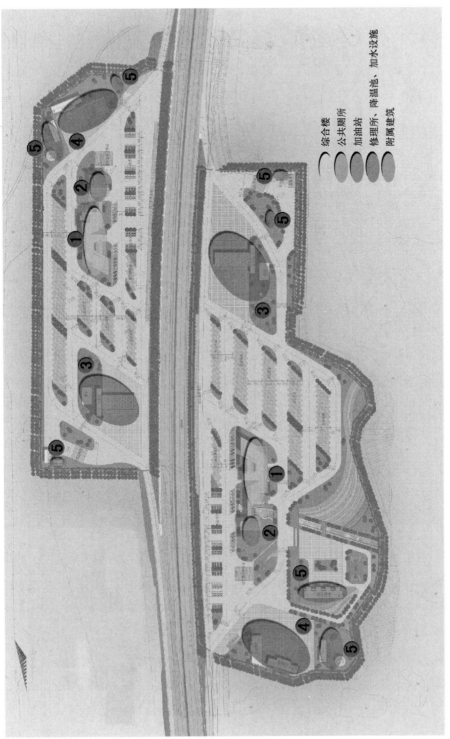

图 5-11　南城服务区内部设施布置分析图（图片来源：作者自绘）

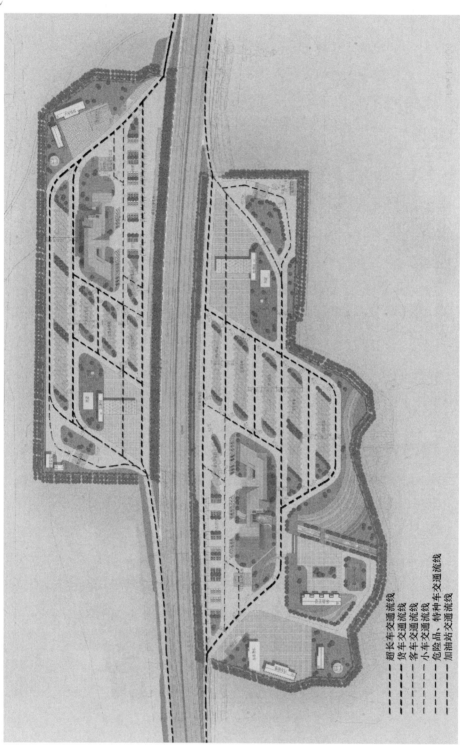

图 5-12 南城服务区驶入车辆的流线分析图（图片来源：作者自绘）

超长车交通流线
货车交通流线
客车交通流线
小车交通流线
危险品、特种车交通流线
加油站交通流线

的设施（如停车场、加油站、修理所等）与为人服务的设施（如综合楼、公共厕所），以及室外休息庭院之间的关系，尽可能地避免相互干扰，为人的活动创造一个安全、舒适的环境。

③ 从服务区的功能组成而言，可分为主要功能区流线及后勤服务流线。驶入服务区的车辆除了来往于高速公路的车辆之外，还有少数服务区内部的后勤服务的车辆，应避免其对主要功能区的干扰。

除了这显而易见的交通秩序之外，由于驶入车辆的类型又存在着差异性，从而使得服务区的停车秩序在一定程度上复杂化。下面就针对不同类型车辆的行驶习惯及停车要求，对停车场设计的要求做逐一分析。

（2）停车秩序分析

车辆的停放属静态交通问题，是场地交通组织的必要内容之一，也是服务区最重要的服务设施之一，大部分的驶入车辆都在服务区内发生停车行为。同样，停车场的设计也存在一定的原则，归纳如下：

① 停车场功能分区所需遵循的原则：在对国内大部分高速公路服务区中，都存在停车场混停的现象。尤其是对待特种车及危险品车时，往往是与货车混停，这无疑带来了不安全的因素。因此，根据行驶于高速公路车辆类型的多样化确定停车场的功能分区是必要的。一般而言，可分为小客车区、大客车区、货车及超长车区、特种车区（家禽、牲畜）、危险品车区（图5-13）。

② 各功能分区布置所需遵循的原则：首先，客车、货车停车区应分开布置。

其次，客车停车区宜靠近主要建筑物布置，距离公共厕所、餐饮、休息等主要服务设施较近的位置；一般而言，客车的载客人数较多，并且对服务区的目的需求明确。货车停车区不宜布置在主要建筑物前侧；为了使从主线上驶入服务区的车辆获得良好的通视条件，突出主要建筑物的视觉形象，故不宜将货车停放在主要建筑物前侧，避免大型车遮挡驾驶员的视线。同时，对于危险品车及特种车的布置，应尽量与周边的环境有效隔离，避免车辆可能带来的危险及气味，影响服务区的正常运营及使用。最后，为了方便超长

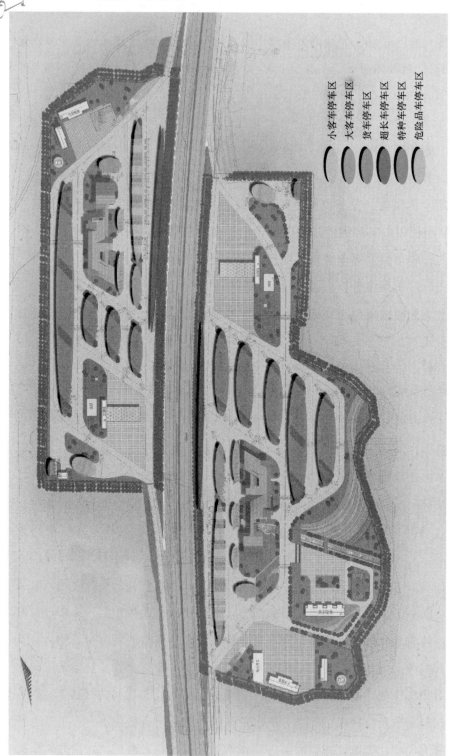

图 5-13　南城服务区停车场功能分区分析图（图片来源：作者自绘）

小客车停车区
大客车停车区
货车停车区
超长车停车区
特种车停车区
危险品车停车区

车的驶入及驶出，一般将其布置于贯穿车道旁。同时也不影响服务区内其他车辆的正常行驶。

③ 各功能分区停车车位设计所需遵循的原则：首先，必须明确的是，无论何种车辆的停车车位设计，都应满足车辆的行驶轨迹要求。尤其是要满足大型车辆驻行空间的需要，尽量减少车辆在服务区内大幅度拐弯和倒车。在条件许可的情况下，应保证各类车辆的行驶及停放能够顺进顺出。

其次，在具体设计中，应参照住房和城乡建设部现行行业标准《车库建筑设计规范》（JGJ 100—2015）的规定，对停车车位进行合理的设计。一般情况下，小型车宜采用垂直式或 60°斜放式停车，前进停车、后退发车；大型车宜采用 45°或 30°斜放式停车，前进停车、前进发车；而超长车宜采用平行式停车，前进停车、前进发车。

再次，应充分考虑货车车型尺寸的差异性。在实地调研中发现，货运车辆尺寸的差别很大，部分车型长度可达 30 米。而且从调查结果来看，大货车及拖挂车占有很大一部分比重，而小货车的比重很小。但是大部分既有服务区的货车停车位采用统一的标准，这样在造成停车混乱的同时也不利于停车空间的有效利用。

又次，应根据服务区交通流量构成及无障碍停车需求，科学设置无障碍停车位（图 5-14）。无障碍停车位是为肢体残疾人驾驶，或者乘坐的机动车专用的停车位。一般而言，应设置在服务区综合楼或公共厕所附近。无障碍停车位的地面应平整、防滑、不积水，地面坡度不应大于 1/50，一侧设宽不小于 1.2 m 的轮椅通道，使乘轮椅者从轮椅通道直接进入无障碍通道到达其他服务设施处，相邻两个无障碍停车位可共用一个轮椅通道，并且停车车位应明显地标出其用途。高速公路服务区无障碍停车位不少于小型汽车停车位数量的 2%，单侧服务区至少设立 1 个无障碍停车位。

最后，应确保服务区设置充足的充电设施，且应单独成区，并配置独立变电设施，不与加油车辆停车区混流。根据《加快推进公路沿线充电基础设

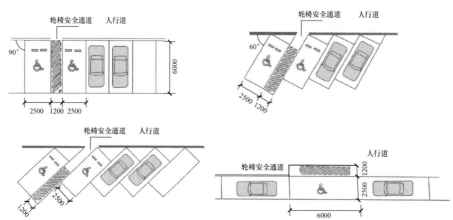

图 5-14　无障碍机动车停车位尺寸示意图
（图片来源：北京市无障碍环境建设标准化图示图集）

施建设行动方案》[①]的要求：利用高速公路服务区存量土地及停车位，加快建设或改造充电基础设施。每个服务区建设的充电基础设施或预留建设安装条件的车位原则上不低于小型客车停车位的 10%。重大节假日期间预测流量较大的服务区要提前做好应急预案，适当投放移动充电基础设施，满足高峰时段充电需求。若服务区因功能拓展需求而设置了野营停车区，还需要为营地配备必要的水电设施。

此外，在路段车流量最为密集的服务区可设置潮汐车位，在两侧停车场中划定一部分作为潮汐车位，在出现拥堵状况时，利用两侧服务区之间的车行通道，引导潮汐车流共享双侧服务设施，在停车场规模有限的情况下，提高停车效率，避免因短时拥堵而扩建服务区。潮汐车位设置适用于停车位紧张、易出现交通拥堵情形的服务区。

（3）交通安全分析

除了上述所分析的交通流线的组织及停车场规划设计的合理性之外，服

---

① 为深入贯彻落实党中央、国务院决策部署，加快健全完善公路沿线充电基础设施，不断满足日益增长的电动汽车充电需求，服务公众便捷出行，促进电动汽车产业发展，交通运输部、国家能源局、国家电网有限公司、中国南方电网有限责任公司共同研究制订了《加快推进公路沿线充电基础设施建设行动方案》（交公路发〔2022〕80 号），于 2022 年 8 月 1 日发布。

务区的交通安全最为关键的在于大局之外的细节之处。

① 场地设计的要求：首先，根据车辆类型的差异性及行驶习惯，明确场区内部行车道路的宽度及曲线半径。一般而言，主干道宽度不小于 8 m，次干道不小于 4.5 m。对于各种车辆混合的车道，应以最大型车辆的转弯半径为准。同时，应该根据当地雨季降水量大小、降水强度、路面类型以及排水管直径大小确定道路的纵坡值，一般介于 0.3%～0.5%之间，以此能适应路面上的自然排水。

其次，应根据人、车分离的原则，在停车场与建筑设施、绿地之间设置广场和人行通道，并且原则上采用比停车场高的结构形式。但当有较大高差时，必须设置残疾人坡道。具体操作如下：一、货车停车区与客车停车区应分区布置，以综合楼或缘石围起来的绿化隔开，避免混流。二、货车停车区宜沿服务区外侧边缘设置。小客车停车区宜以综合楼入口处为中心向两侧展布。三、正对综合楼主门的停车场中间位置要设计设置 3.5 米宽且高于停车场地面 10 cm 的行人通道以汇集上下车人流。四、当综合楼门前行车通道与行人通道交叉时，宜设计设置 10 cm 高度缓坡，以降低过往车辆速度，避免撞上行人。

最后，就停车场自身而言，要特别注意其竖向设计的重要性。在个别服务区内，由于停车场没能很好的控制其坡度，导致停放在停车位上的客车发生滑动，由此引发交通事故。因此，为使停放的车辆不至于滑动，停车场的纵向坡度应小于 2%，横向坡度应小于 3%。

② 交通导向标识标线设置的要求：近年来，随着经济的不断发展，高速公路服务区已由过去相对单纯的交通停驻驿站，逐渐演变成为丰富多彩的商业旅游网络节点。服务区功能从单一型向大型化、商业化、综合化转变。服务区面积、功能的增加带来人流量、车流量的增加，大小客车、货车、危运车和人流等同时进出服务区，加油站、维修点、商业中心并存于一个空间，给服务区的安全运行带来一定的压力。因此，设置统一、醒目的公路服务区标识导视系统，对进出服务区的车辆及行人安全有序运行就显得尤为重要。

113

目前服务区的交通标线比较模糊且布局混乱，基本上就在地面上划分出大车区及小车区。实际上，交通标线不仅是规范服务区交通安全的重要保障，而且对于提高服务档次、改善服务区的形象具有重要作用。

2021 年，中国公路学会发布了《高速公路服务区地面彩色导向标识设置指南（T/CHTS 10038—2021）》[①]，首次将彩色地面标识设置于高速公路服务区，主要用于引导车辆有序进、入，并规范其停放区域。其中明确地面彩色导向标识设置应与服务区其他标志、标线等导向信息统一、连贯。位置应醒目，避免被其他物体遮挡，宜避让雨水口、井盖、沟盖板等地面构筑物。其设置尺寸、间距应满足车行和人行的辨识要求，色彩宜与原地面色彩形成反差和对比，保证辨识性。同时，应考虑夜间、雨天、雾天等条件下的辨识需求。导向标识还需考虑原有地面材料和构造的力学特性、功能特性及其长期性能衰变规律和损坏特点进行设计，保证路面彩色标识材料及构造的安全性和耐久性。

由上述诸多的分析当中便可看出服务区交通组织的复杂性与重要性，交通组织作为服务区项目工程规划设计的重要内容，是维持服务区交通秩序和交通安全的必要保证，也是维持今后服务区正常运营的最为重要的关键因素。

5.2.1.4 室外环境

服务区作为缓解司乘人员驾驶及旅途疲劳的重要休息场所，其对空间环境的要求越来越高，尤其是出于司乘人员长途行驶的疲劳性，决定了大部分的人偏好在室外进行各种各样的放松自我的活动。这样一来，室外环境的营造成为服务区建设不可缺少的一部分。而且服务区一般地处野外自然环境中，更具备构筑优美环境的先决条件。然而，大部分服务区采用的是大面积水泥混凝土覆盖地面的方式，缺乏对室外环境的营造，尤其是占据了服务区

---

①《高速公路服务区地面彩色导向标识设置指南》是中国公路学会于 2021 年 10 月 27 日发布的团体标准，于 2021 年 10 月 31 日开始实施。适用于新建、改（扩）建高速公路服务区室外地面彩色导向标识应用，高速公路停车区及其他公路沿线服务设施可参照本指南。

大片面积的停车场，直白枯燥，绿化少、隔声效果差。

因此，对设计而言，服务区的绿地覆盖率不小于用地的25%。并且要求停车场内应合理布置绿化设施，但必须保证车辆出入方便、视线良好。同时，为了给司乘人员提供一个可交流的休息场所，对于环境设施的设计也不容忽略。在服务区的规划设计当中，应当充分考虑"以人为本"的原则，明确环境设施的布置，以完善服务区室外环境的可观性及可用性。

（1）利用绿化有效的形成天然防护网，并与周边环境相融合

服务区一般都地处荒郊，安全问题显得尤为突出。因此，设计不建议盲目地设置围墙来人为地阻断服务区与周边自然环境的联系，而是通过多层绿化的方式形成天然的屏障，以此确保服务区的安全。当然，假若服务区离城镇过近，则必须设置围墙，并且围墙的高度不宜低于1.5米。

（2）通过生态停车场的设计，使停车场成为环境的一部分

小客车停车场应以形成荫凉的环境为基调，种植高大的乔木为主，采用条形及方形树池的绿化布置方式，可以有效的防止烈日暴晒、保护车辆，同时也使停车场成为绿化的一部分。而货车停车场由于其车位布置的特殊性，停车区域采用水泥混凝土路面面层，只在停车位两侧或适当的在车位之间布置绿化，可使大片面积的货车停车场不至单调无味。通过间隔种绿植，达到"上有大树、下能透水、绿水环保、交通通畅"的环保停车效果。

（3）充分利用原有地形，减少土方量

服务区规划应尽可能保护和利用服务区原有地形条件，避免高填深挖造成的水土流失及经济浪费。可依托场地原有条件开发室外休息区域，种植观赏庭荫树，并设置花坛、小品、水池等，让过往的司乘人员在其中游憩、散步。如开阳高速新阳江服务区，就地取材以微景观为主题构思原石公园，在完善边坡防护的同时，将附件原石边坡和建设废料利用起来，依照原有地貌改建而成，既最大程度保留原生态地貌，又大幅减少了在建设过程中产生的弃方，实现了对环境的有效保护。

（4）有效利用水渠引水，营造贯穿室内外的亲水空间

在滨水或场地内有水体资源的服务区内，应充分利用原有用地内的水体，通过建筑与场地的巧妙布置，将水系良性地引至建筑内外，形成"线"形水体，将不同元素的景观节点连接起来形成整体统一的空间。在水体周围适当的布置些许的休息、娱乐设施，通过木栈道的铺设提高水体的可亲近性，并且穿过架空的室外连廊，使得整个空间别有一番情趣。

综上所述，根据功能组成、总图布置、交通组织及室外环境四个方面的分析，便对服务区项目工程的规划设计得出一个清晰的脉络（图 5-15），为今后服务区的设计提供了一种思路及方式。

5.2.2　建筑单体设计

服务区的建筑单体设计属于交通类建筑，这类建筑对设计而言，既熟悉又陌生，设计涵盖的内容与其他民用建筑相差无几，但其立足于高速公路的特殊性又要求设计必须有其独到之处。从服务区自身的功能上说，首先是给人们提供休息的场所，为旅客和司乘人员提供一个轻松愉快的环境氛围。同时，它也是高速公路沿线的标志性建筑，为不在此停留的旅客和司乘人员创造良好的沿途景观。因此，要求设计既要满足其基本的功能要求，又要具有较强的视觉冲击力。

在本章节当中，针对的是服务区项目工程建设的实用性研究，而落实在建筑单体设计上，无非是建筑的功能布局组合及所涉及的各个人性化的细节之处。对于建筑的外部美学形态，其本身就是一个异常复杂的学问。既要从多维动态空间去思考其构成特征，又要表现标志性、地域性及综合性等，内容繁多，故在下一章节当中作详细阐述。

5.2.2.1　综合楼建筑设计

综合楼是服务区内最为重要的建筑，它在为高速公路使用者提供服务上起着主导地位，同时也是服务区内使用最为频繁的设施，综合楼建设的好坏

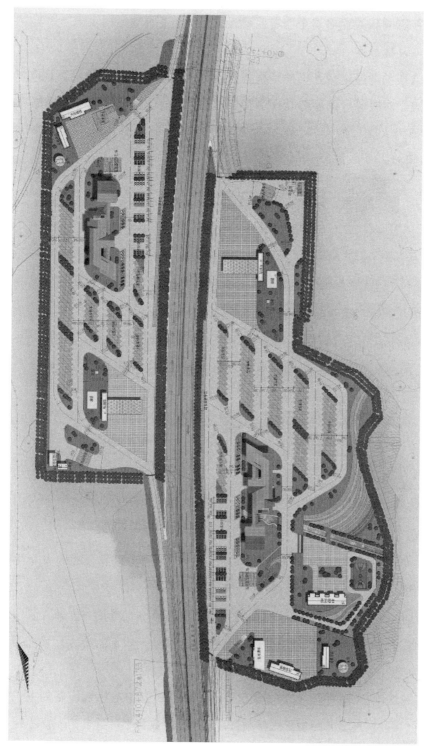

图 5-15　南城服务区总平面设计图（图片来源：作者自绘）

高速公路服务区建筑设计

往往直接影响到人们对这个服务区建设质量的直观感觉。

（1）功能分区

综合楼的功能组成，仍然是根据该服务区的功能定位按照表 2-1 的中功能配置表，对服务区的服务功能进行合理的取舍。一般而言，综合楼的功能组成包括为人服务的设施和部分附属服务设施。可以分为以下几部分，如图 5-16 所示。

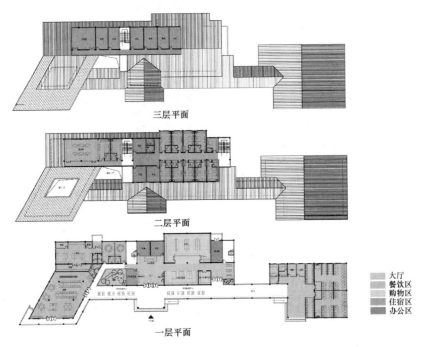

图 5-16　南城服务区平面功能分区图（图片来源：作者自绘）

① 大厅——建筑入口处人流集散的交通枢纽；服务区综合楼的大厅往往兼有其他功能。

② 司乘人员服务设施——包括问询处、信息查询、电话、传真、信息发布屏、医疗救护、公共休息场所等；这些功能设施一般都结合大厅而布置，人流相对集中。

③ 餐饮区——餐厅、厨房、盥洗、卫生间等；其中餐厅以快餐为主，中心服务区可以发展多元的餐饮服务项目，但包间的数目不可过多，一般以 1～2

间即可。功能复合型服务区可引入连锁餐饮品牌向商场餐饮发展，采用美食市集的形式提供品类丰富的餐饮服务。

④ 购物区——超市、土特产专卖店、24 小时便利店、小卖部、仓储等；各功能应根据需求选择性建设。在"以人文本"的原则下，24 小时便利店的建设显得尤为重要。同时，土特产专卖店作为一个极佳的宣扬本土文化特色的商业途径，受到越来越多的重视。

⑤ 住宿区——客房、员工宿舍、盥洗、卫生间等；建议根据服务区拓展功能需求视条件而适当设置客房，并在运营前期可作为员工宿舍使用。

⑥ 办公区——管理用房、卫生间等；管理用房应集中设置，并与其他功能分区分隔。

由此可见，服务区的综合楼是一个多功能的综合性建筑。其中，各组成部分在其自身的建筑规范当中有着详尽的要求，而如何把这些不同属性的功能组成合理的分区，并又相互联系与分隔，这是综合楼设计首要解决的问题。

首先，动与静的分区要求：综合楼的各个功能组成部分中，住宿区及办公区在使用上要求相对安静些，这些区域即为"静区"。而其他部分是人流大量使用的区域，在运行中会产生噪声和振动，故为"动区"。所以，最普遍的做法是将动区与静区分层而设，有效的避免了各分区间的相互干扰。动区设置在一层，和大厅有着松散的联系，并各功能区都具有独立的出入口，便于分区使用、统一管理。人员使用频繁的区域应相对集中，其中餐饮区应直接对外，并具有良好的视觉景观；而休息室在动区当中又要求相对安静，故可设置在较偏僻处，但仍需使用方便。

其次，内与外的分区要求：综合楼内的各功能分区，根据其使用特点来说，都具有内外关系。如餐饮区，餐厅对外，厨房对内；又如购物区，营业部分对外，仓储对内；而办公区，接待室、业务部、后勤部等对外，财务室、管理人员办公室、会议室等对内。故在设计时应注意各功能用房的特点，将其安排在合适的位置。

最后，洁与污的分区要求：综合楼内洁与污的分区重点在于厨房的平面布置，应防止厨房的油烟、气味、噪声及废弃物等邻近功能组成部分的影响。同时，若设有医疗救护室，在使用中会产生污物，故应与其他部分有一定的距离或采取一定的隔离措施。

（2）平面组织

建筑的平面组合除反映功能关系外，还反映出立面和剖面的关系。正确的设计方法应该是综合地考虑平面、立面和剖面三者之间的关系，结合建筑的性质、功能和规模，确定平面和空间的组合方式。下面就将江西省内的已建成的各服务区综合楼的平面组织形式作归纳分析。

① 单一空间平面：公共厕所与综合楼合并设置，各功能空间组织在一个建筑体内，常为规整的几何形（图 5-17）。以矩形平面最为典型，此外还有多边形、圆形、椭圆形平面等。

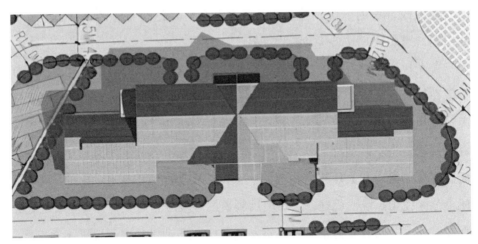

图 5-17　南丰服务区平面（图片来源：作者自绘）

② 二元空间平面：公共厕所与综合楼分开设置，形成两个相对独立的空间。这两个空间以彼此间不同的结合方式，呈现出不一样的空间效果来。

一般而言，在通过连接的方式进行空间和平面构成时，常楔入一个相互衔接的过渡空间，由于过渡空间的作用，使这两个空间在平面形态上更趋于完整协调统一（图 5-18）。这是目前省内新建服务区最为常用的平面形

式，如樟树服务区（图 5-19）、三清山服务区（图 5-20）、庐山服务区
（图 5-21）等。

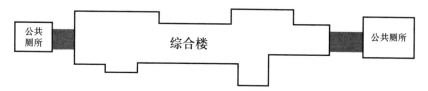

图 5-18　樟树服务区的平面简示图

图 5-19　樟树服务区的空间连接（图片来源：作者自摄）

图 5-20　三清山服务区的空间连接（图片来源：作者自摄）

图 5-21　庐山服务区的综合楼与公共厕所的连接（图片来源：作者自摄）

同时，公共厕所与综合楼也有直接接触的构成方式。这样一来使得两个空间独立又不连通，给司乘人员增加了使用路线长度，如上饶服务区（图 5-22）。

图 5-22　上饶服务区平面简示图（图片来源：作者自绘）

此外，还存在两个独立空间毫无联系的平面形态，如鹰潭服务区（图 5-23），公共厕所与综合楼之间无任何联系，这明显是不合理的。

图 5-23　鹰潭服务区的平面简示图（图片来源：作者自绘）

③ 多元空间平面：将综合楼的各功能组成完全打散，构成多个独立的建筑实体，分散布置在场区内，如共青服务区（图 5-24）。各功能组成毫无联系，这使得综合楼毫无存在的意义可言，是一种早已淘汰的落后方式。

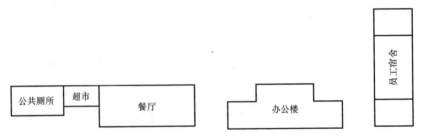

图 5-24　共青服务区平面简示图（图片来源：作者自绘）

综上所述，通过大量实例证明，公共厕所和综合楼形成两个相对独立的空间，并楔入一个相互衔接的过渡空间，是服务区综合楼最佳的平面组织选择。因此，将该组合方式运用于鹰瑞高速南城服务区的设计当中（图 5-25）。

在该服务区的设计当中，将建筑整体设计成一个"L"型平面，在有效的引导使用者的同时，形成了一个半围合的空间，产生了一个巧妙的限定效果。同时，将综合楼与公共厕所分开设置，用连廊连接，这样一来既提高了公共厕所的辨识度，也有效避免了其产生的气味对综合楼的影响。这种平面布局形式在南城服务区的设计当中显得尤为重要。因为在西侧用地上将利用水渠引水至建筑内，水流穿连廊而过，对建筑本身不产生任何影响，巧妙地解决了这一问题。

与此同时，平面上从"以人为本"的角度出发，适当的加宽了连廊与室外平台的宽度，为 4 500 mm。在室外平台上设置些许座椅，方便部分自带食物的司乘人员的用餐及休息。同时，在连廊与室外平台的两侧都设有建筑小品，在保证其联系交通的功能前提之下，使其成为一个半室外的休息空间，一个非正式的交流场所，增加了空间的趣味性。

（3）空间组合

由于综合楼内各个功能用房的面积大小、使用要求的不同，他们的层高要求也彼此不同，但从建筑结构、构造和施工等方面看，一般都力求建筑的造型趋于简洁。尤其是对于服务区综合楼这类特殊的建筑类型，更要求建筑简洁大方，不宜过分喧闹，使之在融于周围环境的同时能突出于高速公路。

一般而言，综合楼的体量并不大，若采用单层建筑的形式势必会影响其视觉效果。所以综合楼都采取多层建筑的形式，且一般不超过三层。在进行综合楼的空间组合时，必须与平面组合结合进行，对某些特别高的使用空间可使其成为建筑的独立部分并与其他多层部分毗连，从而成为单层与多层相结合的剖面形式（图 5-26）。

高速公路服务区建筑设计

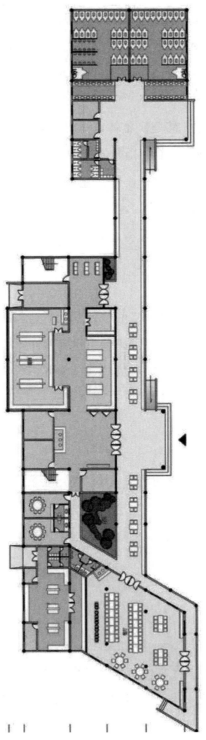

图 5-25　鹰瑞高速南城服务区一层平面图（图片来源：作者自绘）

124

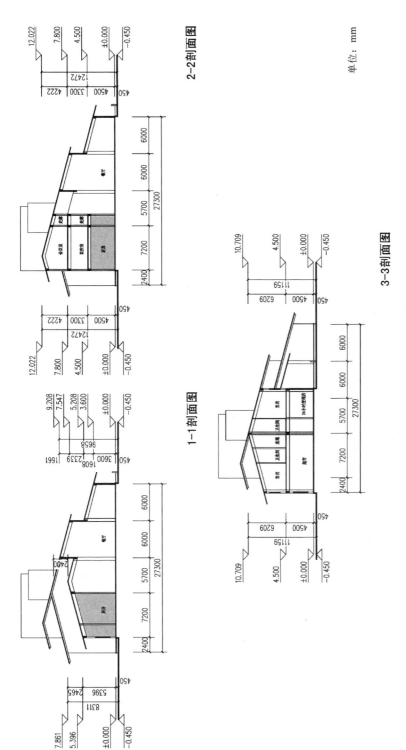

图 5-26　南城服务区综合楼建筑剖面图（图片来源：作者自绘）

5.2.2.2　公共厕所设计

公共厕所作为公共建筑在城市设计中微不足道，但在高速公路上，却是最为重要的组成部分。目前存在的最大问题是公共厕所的卫生问题及如何控制其规模的大小，前者直接影响到了公共厕所的正常使用。而对于其规模大小的讨论，目前有两种说法：一是认为服务区的公共厕所，要能同时满足100人使用，这样给高速公路使用者带来最为明显的便捷服务；二是公共厕所的面积不宜过大，这给维护管理带来了极大的不便，增加服务区的运营成本。公共厕所的关键在于设计的合理，而不在于面积的大小，公共厕所存在等候时间是正常的。就以火车站为例，人流量远比服务区大得多，但其公共厕所并未盲目地扩大，却依然能满足上万人次的使用。

在此，对于公共厕所的规模问题，仍需套用一系列理性的公式来计算，最终得出一个看似合理的范围，这是目前唯一能够解释清楚的方法。但就对于服务区公共厕所的问题争论当中暴露出两个最为关键的因素——如何减少等候时间及分区使用，这是设计当中需特别考虑的问题。

（1）如何减少等候时间

① 合理确定男、女厕所蹲位的比例

《深化公路服务区"厕所革命"专项行动方案》[①]明确规定，高速公路服务区女厕位与男厕位（含小便站位）的比例原则上应不低于 1.5:1。重大节假日期间客流量大的服务区，女厕位数量无法满足使用需求的，宜按不低于2:1 的标准设置；特殊情况下，应通过设置潮汐卫生间、明确临时卫生间和可移动卫生间使用要求等方式，继续增大女厕位占比，满足女性旅客使用要求。合理的处理好男女厕所蹲位数的比例问题，是有效减少等候时间最为关键的客观因素。

---

① 为持续深化公路服务区"厕所革命"，全面补齐发展短板，不断优化提升服务质量，更好地满足人民群众出行需求，根据部更贴近民生实事工作安排，交通运输部于 2021 年 5 月 28 日印发《深化公路服务区"厕所革命"专项行动方案》。

② 合理安排使用空间

服务区的公共厕所的使用空间一般包括大便间、小便间和盥洗室，各室应分室设置并具有独立功能。服务区的公厕应考虑使用者的使用特征，应将小便间位于入口位置，便于司乘人员的使用，但特别要注意视线遮挡问题，不要直接暴露在门外人的视线之内。此外，从"以人为本"的角度出发，需设置一些体现人性化设计的使用空间。如第三卫生间、方便残疾人、老年人等使用的卫生设施、为带小孩的母亲提供的母婴室、为过往货车司机提供免费开放的公共浴室等。这些内容仍需安排在服务区的公共厕所内，使其功能可以朝多元化的方向发展（图 5-27）。

图 5-27　日本某服务区公共厕所内的功能设施（图片来源：http://blog.zhyi.com）

一般而言，第三卫生间宜设置在公共卫生间出入口附近易识别、易到达的位置，不与男或女卫生间共用出入口，为封闭独立空间。残疾人卫生间及母婴卫生间可单独设置，也可在厕所内设独立的隔间。而公共浴室也可单独设置，但仍应靠近公共厕所，也可在公共厕所内部设置，与公厕合为一

体。所以，服务区的公共厕所设计是不确定的，但总体而言仍应以"以人为本"为基本原则，考虑特殊群体使用的卫生设施应靠近公厕入口处，方便其使用。

最后，对于厕所内走道的宽度，应在城市公共厕所设计规范规定的基础上适当放宽。因为在人流量如此之大、使用频率如此之高的服务区公共厕所内，过窄的走道不利于人流的交替使用，更会使等候空间变得拥挤，增加等候时间。要求除不可抗力因素外，应保障工作日、周末、重大节假日期间每个厕位排队人数分别不超过1人、2人、3人。固定卫生间厕位总量无法满足使用需求的，应通过增设临时卫生间或移动卫生间等方式予以补充。

（2）如何分区使用

公共厕所要实现分区使用的问题相对来说还是很简单的，只要求厕所内的卫生器具能分组布置。这样一来，在人流相对较少的时候，可以关闭一组或几组的卫生器具，容易保持清洁卫生并节约卫生用水，如庐山服务区公共厕所分区（图5-28）。

图5-28　庐山服务区公厕的分区使用（图片来源：作者自摄）

下面就以石钟山服务区的公共厕所设计为例，来详细说明服务区的公共厕所的设计如何实现减少等候时间和分区使用（图5-29）。

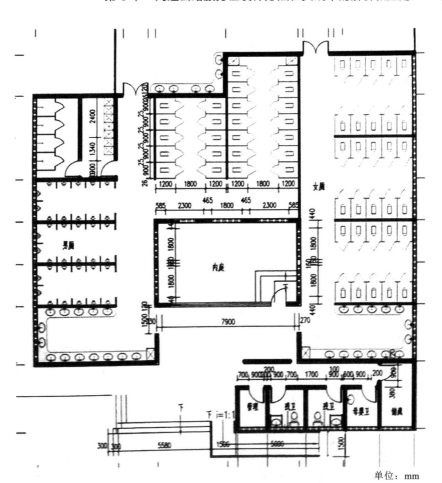

单位：mm

图 5-29　石钟山服务区公厕设计（图片来源：作者自摄）

　　该公共厕所的平面由盥洗室、男厕、女厕、残卫、母婴卫、管理用房及工具间组成。其中男厕与女厕通过一个内庭院有效的分隔开来，这是本设计的一个巧妙之处。在平面布置上，将残卫、母婴卫置于公厕的主要入口处，方便这类特殊群体的使用。同时，只在男厕内设公共浴室，并且位于公厕的出入口处，并不影响使用公厕的人流，同时与公厕合为一体，方便管理。这一点也是在本设计当中考虑较为细致周全的地方。因为会使用公共浴室的大多为跑长途货流业务的货车司机，其中女性司机的可能性微乎其微。换而言之，使用公共浴室的人一般为男性货车司机，故只在男厕内设置浴室是与高速公路公路使用者的构成及使用习惯相符合的。

在厕所内部空间的布置上，均成组布置，能够实现分区使用的目的。但在男厕的布置上，略显不足。在小便器与大便器的比例分配上不均衡，小便器数量过多，而大便器数量略少。并且从大便器的布置上可见，最内侧的蹲位至入口处的流线过长，不利于司乘人员的使用。与此同时，男厕蹲位在采用外开门的情况下，走道宽度达到 1 800 mm，女厕则达到了 2 300 mm，并且外走道也有 2 100～2 400 mm，给厕所创造了足够的空间配合大量人流的集中使用公共厕所。

（3）潮汐厕所设计

如提质升级后的庐山服务区，摒弃传统整体式卫生间设计，化整为零将体量拆解为数个围绕中庭空间的建筑盒子，最大化自然通风效率，减少能耗。卫生间全面升级改造，入口处结合综合信息显示屏设置生态背景墙，引入智能如厕引导系统，环境监测系统，客流量检测系统。男女厕之间设置潮汐卫生间和预留蹲位应对人流高峰和未来交通量变化（图 5-30）。

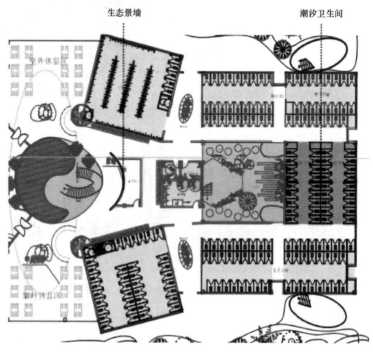

图 5-30　庐山服务区公厕提质升级改造（图片来源：参考文献［69］）

"潮汐"的奥秘在于，公厕内部增加了一个厕间，与男女厕所间各有一道"潮汐门"。如当女厕需求量较大时，则由管理员关闭男厕"潮汐门"，再打开女厕"潮汐门"，新增厕间的厕位变成女厕厕位。原来没有潮汐卫生间的时候，男厕暂时还能满足需求，女厕外面则经常出现排队的情况。有了"潮汐"以后，在如厕高峰期，可根据人流性别的使用需求，通过开关"潮汐门"进行男女蹲位调整，从而提高了卫生间的使用效率，大大减轻了排队压力。

所以建议在设计服务区公共厕所时应注意：① 关于男女蹲位的数量比例，一般为 1:1.5；② 除了必需的卫生设施的设置外，还需充分考虑特殊群体的要求；③ 应充分考虑使用者的使用特征来布置各功能组成；④ 卫生设施应成组布置，方便分区使用；⑤ 适当的扩宽公厕内部的走道，创造足够的等候空间；⑥ 设计潮汐卫生间，以提高厕所的利用效率，减少排队等待时间，为使用者提供更加便捷和舒适的使用体验。

5.2.2.3　其他附属建筑设计

服务区的其他附属建筑主要包括加油站、修理所、设备用房等，对于修理所、设备用房等这类功能用途单一的建筑类型，在此不做详述，要求其造型及立面风格应尽量与综合楼协调一致即可。而加油站作为石化公司的固属产品，其设计也有属于自己一套的固定模式，在此也不赘述。

那么对于其他附属建筑设计的研究之关键在于何处？通过对目前江西省内出现的两种加油站的设计形式，来分析不同的加油站设计对服务区内部交通流线的影响作用。

一种是目前最常见的形式——矩形平面，一般由一个矩形平面的站房和若干个加油岛组成。加油岛位于站房前侧，所有车辆的加油活动均在一个大棚下进行（图 5-31）。

另一种是目前比较少见的形式——蝶形平面，同样是由一个站房和若干个加油岛组成，但站房设计成蝶形平面，站房前侧的加油岛分开设置，形成

两个加油大棚。这样一来，有效的分离了客车与货车的加油区域（图 5-32）。

图 5-31　樟树服务区的加油站（图片来源：作者自摄）

图 5-32　庐山服务区的加油站（图片来源：作者自摄）

　　目前，越来越多的新建服务区在设计当中采用了蝶形平面的加油站形式，下面就以石钟山服务区的设计来说明其对服务区内交通流线的影响（图 5-33）。

　　由于受地形限制，该服务区的设计从平面上看就已经货车区与客车区完全分离，并围绕加油站布置。加油站虽然也置于场区的出口处，但就整个图底关系来看，加油站其实是位于场区中间位置的。若采用矩形平面的加油站，势必会增加部分休息后再加油的货车行驶路线，容易造成迂回行驶的困难。

　　但这并不意味着蝶形平面的加油站就比矩形平面的更优化，仍然要根据场区内停车场布置的情况，选择合适的平面形式。如南城服务区的设计，加

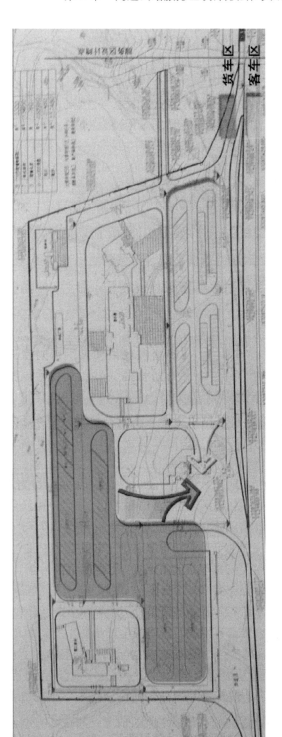

图 5-33　石钟山服务区的总平面图（图片来源：作者自绘）

油站就完全置于场区出口处，也就是整个场区的最侧边，停车场则置于加油站和综合楼的中间位置。倘若也盲目采用蝶形平面的加油站，导致所有货车都必须绕到加油站后侧再加油，这完全是没有必要的。所以，对于新出现的事物，并不能一味地盲目使用，应分析其存在的周边因素及使用后可能出现的情况，全面考虑、综合分析、明智选择。

5.2.3 无障碍设计——服务区深化设计的思考

无障碍设计对建筑师来说是一个重要的课题，而高速公路服务区存在的目的就是为司乘人员提供服务的场所，更是要强调"以人文本"的原则，因此在设计过程中要充分体现无障碍设计的理念。

5.2.3.1 关于无障碍设计

（1）什么是无障碍设计

在为老年人和残疾人进行规划与设计时，首先应当理解建筑上的无障碍设计是指什么？为什么要在服务区内施行无障碍设计？

无障碍设计这个概念名称始见于 1974 年，是联合国组织提出的设计新主张。无障碍设计强调在科学技术高度发展的现代社会，一切有关人类衣食住行的公共空间环境以及各类建筑设施、设备的规划设计，都必须充分考虑具有不同程度生理伤残者和正常活动能力衰退者（如残疾人、老年人）群众的使用要求，配备能够应答、满足这些需求的服务功能与装置，营造一个充满爱与关怀、切实保障人类安全、方便、舒适的现代生活环境。在我国现行行业标准《无障碍设计规范》（GB 50763—2012）中就明确规定了服务类建筑无障碍设计的相关细则。所以，作为典型的服务类建筑的服务区，必须遵照国家的规范规定来设计，并不能因为目前残疾人使用服务区的可能性较弱而片面地忽略无障碍设计的必要性。同时在调研中发现，在省内著名旅游景点附近的服务区内，存在大量老年旅客使用的情况，故在该类型的服务区内更应细致周全地考虑无障碍设计的各种可能性。

（2）无障碍设计的基本原则

在高速公路服务区设计中要坚持"以人文本"的原则，坚持人性化的设计理念。要有为老年人、婴幼儿、孕妇和肢体残疾者的无障碍设计，尤其是针对老年人、肢体残疾者考虑的无障碍设计。无障碍设计的最终目标是要使设计达到无障碍性、易识别性、易达性和可交往性，这也是设计的四个基本原则。

① 无障碍性——指服务区中应无障碍物和危险物。作为高速公路服务区规划设计者，必须设身处地为老弱病残者着想，积极创造适宜的服务空间，以提高他们的自立能力。

② 易识别性——指高速公路服务区环境的标识性和提示设置。在设计上要充分运用视觉、听觉、触觉的手段，给予他们以重复的提示和告知。并通过空间层次和个性创造，以合理的空间序列、形象的特征塑造、鲜明的标识示意以及悦耳的音响提示等，来提高服务区空间的导向性和识别性。

③ 易达性——指到达服务区某一目的地的便捷性和舒适性。为此，设计者要为他们积极提供停车、休息、住宿等各方面的可能性。从规划上确保他们自服务区入口到各服务空间之间至少有一条方便、舒适的无障碍通道及其必要设施。

④ 可交往性——指服务区空间环境中应重视交往空间的营造及配套设施的设置。在具体的规划设计上，应多创造一些便于交往的围合空间、坐憩空间等，便于相聚、聊天、娱乐和休憩等活动，尽可能满足他们由于生理和心理上的变化而对空间环境的特殊要求和偏好。

5.2.3.2　外部环境的无障碍设计

（1）停车场

停车场作为服务区最为重要的组成部分，应该考虑设置残疾人车位，在前文中已简单阐述，下面就将无障碍设计的细节部分详细论述：

① 位置——残疾人停车位应建在门厅等主要出入口附近，或距出入口最

近的场所；

② 宽度——残疾人停车位的停车宽度应在 3 500 mm×6 000 mm（进深）以上；

③ 车位数——原则上只设一个停车位。但在以旅游交通和客车为主的高速公路上的服务区，应根据服务区的规模等级配备具有一定数量的残疾人停车位；

④ 通道——通道上不得修建台阶。考虑到轮椅乘坐者的使用，停车场内的通道宽度应在 1 200 mm 以上；

⑤ 导向标识——残疾人停车位的进出口处要设有导向用的国际化标准标识。在残疾人停车位区域内的明显位置处，也应设有国际化标准标识。

（2）室外休息空间

室外的休息空间是人们进行休憩、交往活动的重要空间，各种室外休息空间也应有方便的交通、适当的设施来保证残疾人方便且安全地使用。室外休息空间应尽量避免凹凸的地坪，铺地应尽量选用防滑材料，而不宜铺设石子路；必要时应设置车挡，避免机动车对残疾人行动的干扰。休憩设施、座椅、饮水处、垃圾箱等的设置也要使轮椅使用者容易接近并便于使用；休息座椅旁应留出足够的轮椅回转空间，花坛和花池也需适合残疾人进行园艺操作，同时不影响其操作轮椅。在水面边的铺地也应考虑硬质铺地，并设置扶手等安全措施。

5.2.3.3 建筑物的无障碍设计

从老年人和残疾人出发的建筑设计思想，就是指要设计出一个可供所有人共享的设施和设备。原则上是尽可能以可供所有人共享的共用设计为基础，力争完成一个满足使用者需求的个性化设计。

《无障碍设计规范》(GB 50763—2012）中对高速公路服务区建筑内的服务建筑的无障碍设计作出了明确规定，归纳如下。

① 建筑物至少应有 1 处为无障碍出入口，且宜位于主要出入口处；

② 男、女公共厕所出入口应为无障碍出入口；女厕所的无障碍设施包括至少 1 个无障碍厕位和 1 个无障碍洗手盆；男厕所的无障碍设施包括至少 1 个无障碍厕位、1 个无障碍小便器和 1 个无障碍洗手盆；宜在公共厕所旁另设 1 处无障碍厕所（可与第三卫生间合并设置）；厕所内的通道应方便乘轮椅者进出和回转，回转直径不小于 1.50 m；门应方便开启，通行净宽度不应小于 800 mm；地面应防滑、不积水。

下面就服务区建筑设计中的重点部分——建筑入口及门、水平和垂直交通、公共厕所、服务设施等作逐一分析。

（1）建筑的出入口及门

应从轮椅乘坐者和老年人的角度出发，不得在建筑用地界内设置台阶。并且在服务区内，场地排水是个非常重要的设计。当需要进行雨水处理时，排水沟应建在建筑用地的一侧。排水沟盖应选用轮椅前轮不会陷入其内的形状。

残疾人进入建筑物内的入口应为主入口，必须设残疾人坡道，并为保证轮椅可以直接进入大厅内，应确保入口雨篷的足够空间。残疾人坡道设计的具体要求如下：

① 宽度——一般服务区建筑的入口都设有台阶，故在其旁设置残疾人坡道时，宽度应在 1.2 m 以上。

② 坡度——修有坡道时，坡度应小于 1/12。台阶不足 160 mm 时，坡度应小于 1/8。

③ 坡道端部——坡道的起止处应保证有 1 500 mm 以上的水平面，并铺有警示地砖。

④ 休息平台——在高度每达 750 mm 处设置一个 1 500 mm 以上的休息平台。

⑤ 扶手——坡道处应安有扶手，同时为避免拐杖或轮椅前轮不卡入扶手的栏杆内，应适当加高扶手栏杆的固定边梁，高度不小于 50 mm。

⑥ 地面处理——采用防滑地面材料，并根据颜色等来区分坡道与其他通

道。当因地形的原因无法修建坡道时，应设置升降台或应建有可供轮椅乘坐者使用的其他通道，并设置易于识别的导向标识。

就门的形式而言，目前省内服务区大多都为平开门，虽然大部分情况下都处于敞开的状态，但就无障碍设计的角度而言略显不妥。原则上应在一个以上的建筑出入口处安有自动推拉门，便于残疾人进入建筑内。若为平开门时，也应在门的把手侧留有可顺利开关的足够空间，门的把手应易于使用，易于握持。并且当门厅处铺有脚垫时，为使脚垫与地面保持平整，应将其嵌入地面，从任何一个细节处体现服务区的人性化设计。

（2）水平和垂直交通

建筑物出入口至各房间出入口的走廊宽度应能确保轮椅乘坐者顺利通行，一般不小于 1 200 mm；走廊等处不得修有影响轮椅安全通行的台阶，当不得不修建台阶时，应同时设置坡道或升降机；走廊的两端不得影响轮椅掉头，而且在走廊中间每不到 50 m 处就应留有轮椅掉头的活动空间；同时，在不影响结构的前提下，对柱子和墙壁进行倒角，并且走廊的地面应采用防滑地面材料。

同时，就服务区的设计而言，为做到明确的功能分区，一般对外服务的空间均设置在一层，而二层以上基本为内部附属设施。并且在目前服务区的设计前期，并未提供对外开放使用的客房，故在服务区内垂直交通的无障碍设计问题并不突出。

所以，可在服务区的功能完善之后，对垂直交通进行改造。可将部分楼梯改造成升降机，方便轮椅乘坐者的使用。同时在楼梯的两端和休息平台的一侧都应连续安装扶手，扶手的高度为 780～850 mm。

（3）公共厕所

公共厕所作为服务区内使用最为频繁的公共服务设施，是服务区最为重要的组成部分。所以，作为体现人性化设计的重点，公共厕所的无障碍设计不容忽视。但经过资料查阅及调研考察，本人认为在服务区公共厕所的无障碍设计依然存在以下几方面的问题：

① 功能的无障碍

公厕内设置可以供残疾人使用的，带有扶手、坐便器的宽敞隔间，为携带婴儿的妇女设置尿布更换台。有条件的情况下，可以为残疾人和母婴设置专用的空间，母婴空间可以不设置如厕设施。同时，随着出行增长的可能性，公共厕所内要有相应的可供儿童使用的设施。考虑到携带不能独立行走婴儿的妇女，设置能够安全设置和保护婴儿的平台，使之可以安心如厕；考虑到不同性别的家庭成员共同外出时，其中一人的行动无法自理的情况（如女儿可以协助老父亲、儿子可以协助老母亲、母亲可以协助小男孩、父亲可以协助小女孩等），必须设置第三卫生间。通常包括成人和儿童坐便器、安全扶手、婴儿护理台、儿童安全座椅和紧急呼叫按钮等设施，便于照顾者和被照顾者双方使用。

② 尺度的无障碍

如果未设残疾人专用的卫生间，就要考虑为乘坐轮椅的残疾人设置方便其使用的厕所隔间。轮椅的回转通常需要直径 1 500 mm 的空间，因此残疾人隔间的尺寸不应小于 1 500 mm×2 000 mm，隔间的门最好向外打开，不小于 900 mm；孕妇和身体肥胖的人比正常人所占的空间体积大，为了使其能在隔间内较为方便地转身、下蹲，所使用的隔间尺寸不小于 900 mm×1 200 mm。

③ 安全的无障碍

首先，在卫生设施的设置上，便器应采用坐式便器，回水弯管应采用不易被轮椅脚踏板碰到的形状；应在坐便器两边设置扶手，其中一侧采用移动扶手，可以使老年人和残疾人起坐轻松；应在使用坐便器时伸手可及的位置处安装紧急报警装置，并在蹲位间外容易看到的位置处安装报警灯或蜂鸣器。其次，在材料的使用上，考虑到老年人、残疾人、孕妇等在行动上的不便，厕所空间的地面应使用防滑、耐磨的材料，防止因地面打滑而造成的人身伤害。最后，在卫生环境的营造上，所有的厕位都应该设置丢弃桶，尤其是母婴专用的隔间内应设置专门的尿布箱，营造清洁舒适的卫生环境。因此，服务区公共厕所的无障碍设计应在遵循相关设计规范的同时，从细节出发，

站在人性化的角度去设计。

（4）服务设施

服务台、公用电话、饮水处等的设置，应考虑到轮椅乘坐者的使用问题。特别应在安装高度、使用便利和位置明显等方面加以注意。

服务台——服务台处应配备座椅式柜台，柜台高度以标准的椅子为准，柜台的下部应留有高 650 mm、进深 450 mm 的空间。对未设专职人员的服务台，应在明显的位置处安装对讲机、呼叫蜂鸣器等。

公用电话——电话台的高度应以坐着可以方便使用为准，电话台的下面应留有高 650 mm、进深 450 mm 的空间。电话台应设置在不影响通行之处，同时周围应留有一定的轮椅活动空间。

饮水装置——在设置饮水装置时，饮水龙头的高度应以座位接水的高度为准，同时饮水装置的下部应留有高 650 mm、进深 450 mm 的空间。饮水装置应设置在不影响通行的地方，饮水龙头可选用自动出水、杠杆式或简单的按钮式等便于操作的水龙头。

由此可见，无障碍设计是一个全面系统的工程，涉及面很广。它需要设计者充分考虑特殊群体的特殊需求，并将其贯穿于设计的每一个环节，从细节之处来体现服务区的人性化设计。

5.3 第三阶段：服务区项目工程建设的艺术性研究

在第二阶段设计的基础上，对服务区综合楼建筑进行深化设计，主要工作的内容集中在建筑风格的确定、建筑特性及个性的表达手法、建筑技术、材料、结构和构造等物质方面的支撑等问题上。在此，可以简言为建筑的美学分析研究。

5.3.1 背景情况基本分析

鹰潭至瑞金高速公路项目是交通运输部规划的国道主干线中济南至广

州高速公路在江西境内的中间段，全长 306 千米，沿线设置金溪、南城、南丰、广昌、宁都五个服务区。

作为江西省第一个建设里程超过 300 千米的高速公路项目，鹰瑞的建设在江西省内具有重要的战略地位，它不仅关系到实现江西省高速公路到 2010 年突破 3 000 千米目标的大局，还事关到实施"对接长珠闽，融入全球化"的战略大局。由此可见，鹰潭高速的建设在江西省内是具有代表性的。

与此同时，鹰瑞高速途经的区域虽然各自发展不同，但都具有各自鲜明的地域特色，不仅包含了特定的自然环境与人文环境中产生的特定地域文化，更包含了地方性的历史文化色彩。其中，以红色人文氛围最为突出。因为在江西这么一个红色的摇篮里，很容易能寻觅到这种特殊颜色所浸染过的痕迹。

张钦楠先生曾在《建筑设计方法学》中论述："设计也可以被认为是一个问题，而设计的过程就是一个的问题解决的过程"。设计总是要解决几个核心的问题。因此，在从建筑美学的角度下进行的整个鹰瑞高速公路沿线服务区的设计中，我们把问题定在地域性服务区设计方法的探索和实践——在鹰瑞高速的大背景下，探索有地域特色的服务区设计方法。

5.3.2　地域建筑设计开始

（1）如何设计

高速公路是一种封闭式、长距离的运输方式，在这种特殊的运输过程中，高速公路配套服务设施作为南来北往的人们在枯燥旅途的驿站，如何在服务区的设计当中体现地域特色，使人们在长途的旅途中感受到浓郁的地方风情，是服务区设计最为直观的表现。在现代建筑的设计中，展现乡土建筑特色有利于本地域知名度的提高，起到良好的宣传效应，从而有望对当地竞争力的提升起到积极作用。

那么，该从何种角度以何种设计手法来完成这个复杂的过程？这个过程很本身很容易理解，很多前人在其他的建筑类型上也进行过相关的研究探

讨。但是，最终的设计还是要回到一个形式问题的层面：在一个类似标准化建设的过程里，如何通过现代的设计方式来塑造一个具有地方感的场所。

（2）首先是风格

在对吉安服务区的调研分析中就首先提出了服务区的建筑性格问题，基于服务区这种特殊建筑类型而确定的建筑性格是首先需要弄清楚讲明白的问题。一般而言，内容决定形式，建筑物的不同功能在很大程度上形成了它的外形特点，建筑的形成要有意识地表现这些内容决定的外形上的特征。

服务区属于公共建筑，但其本身的建筑体量并不大，所以表现出来的性格不应该是复杂的、气势逼人的。试想在一个底层为一、两千平米的二层高的小建筑上，做过多的重叠交错，结果营造出气势磅礴、体量巨大的假象，是否符合服务区建筑本身的性格？是否有必要？同时必须铭记服务区是以服务于人为宗旨的，这更应要求在建筑的直观表现上呈现出简洁的、平易近人的特质。因此，在鹰瑞高速公路服务区的设计当中，我们调整了之前的设计模式，确定服务区的建筑风格是简洁大方的。至于建筑具体的风格是采用现代风格还是仿古甚至所谓欧陆式，一方面多多少少要受到一些流行因素和建设单位喜好的影响，更主要的是设计师要根据当地的地理、人文环境设计出适宜周边环境的"此时此地"的建筑。

（3）然后才是特性

那么设计要如何根据当地的地理、人文环境设计出适宜周边环境的"此时此地"的建筑？这是研究服务区建筑美学问题的重点，也是体现"人文特色、地方特色、主题特色"的关键所在。在此，可以简化为三个重要指标：标志性、地域性及整体性，统称其为服务区建筑的特性。

① 标志性

服务区作为交通类建筑，是现代人们出行必不可少的服务设施及场所，因而其建筑造型往往会引起人们的关注。尤其是在快速行驶的高速公路上，服务区的建筑形象能起到缓解视觉疲劳的效果。所以，服务区建筑的标志性很容易形成视觉记忆。然而服务区建筑作为一种新型的建筑类型，作为一种简洁的、平易近人性格的建筑，其标志性的体现该以何种手段来实现？本人认为并不在于它是否有复杂的造型、庞大的体量，而在于其是否反映出"场所精神"，此时此地的建筑便是其服务场所的标志。

一般来讲，服务区只不过是高速公路上的普通一点，承担着服务于高速公路的功能。但对于特定地区的特定方位，由于被赋予了更多的功能与意义，使得该场所具有了特殊的意义，它可能成为该路段的重心，更或者是整个城市或地区的咽喉之地。鹰瑞高速是江西省内第一条超过300千米的高速公路，路线北接安徽、景德镇和鹰潭，东邻浙江、福建两省，南连广州、深圳、香港，形成了江西东部地区的一条贯穿南北的省际快速大通道。鹰瑞由于它所处的地理位置，成为江西省内的颇具意义的道路。由此，其服务区的建设应与之衔接，充分体现鹰瑞高速的特殊意义，成为江西省内最能形成记忆的形象场所。这样一来，鹰瑞服务区必然成为最直观反映鹰瑞形象，更或者是反映江西形象的场所。

所以，设计将鹰瑞高速的终点——瑞金作为视觉焦点，抽离其最直接的感知元素，将"红色文化"作为鹰瑞服务区建设的主线，在设计上最主要是通过建筑外观的装饰性色彩来反映红色文化内涵。这是最能反映革命老区的色调，紧扣了当地的文化底蕴，体现了场所精神，具有显著的人文特色，并显示了其特有的标志性意义。

② 地域性

"地域性"这个词被越来越多地注射到当今的建筑创作当中，已经成为最热门和流行的话题，人们乐此不疲地探讨，严肃并疯狂着，对此的言论及评语永无止境。说了这么久的地域性，那究竟什么是地域性？在以往的观念中很快就认为是到古建筑中搬用建筑符号，而事实上地域性提醒我们不能局限在以往古老的形式和符号上。地域是一个因地制宜的概念，也是一个带有延展性的概念。

所以，所谓的地域性建筑应是指适应某一地域的地形、地貌和气候等自然环境条件和人文环境的一种建筑形式。这种建筑良好地适应了某一地域的

生活方式和风俗习惯和当地的经济条件，充分运用地方性建造技术、材料和能源，在外部形式和内部空间布局以及细部塑造等方面，均表现出地域文化特异性，并具有建造方面的经济性等特点。

在此，以上述的概念为原则，寻找鹰瑞高速公路服务区建筑设计的地域性表达：

● 师法传统，有机延续

中国民居是中华各民族人民世世代代长期奋斗而创造的自然—社会—人相互关联的广泛而复杂的系统工程。经过千百年的风雨沧桑，更替、演进、碰撞、融合，肯定又否定，分解又综合，博收又筛选，形成了至今仍熠熠生辉、颇具启迪的一笔中国传统文化遗产。它在历史上已形成了协调自然环境、社会结构与乡民生活的居住环境和民居模式，形成了融合乡土材料、传统技术与民间文化的建筑风貌和民居格调。

20 世纪 80 年代初期，姚糖先生就开始研究江西地方的传统建筑，其对于江西传统建筑的认知及理解已经达到一定的深度。他认为最具有江西地方传统风格的典型建筑主要分布在赣江中下游地区，这些地方的建筑受其他地方建筑风格的影响较小，能够较真实地反映江西自身的传统建筑特色。其中，抚河流域就占据了一席之地。该地区的民居建筑均为砖木结构，一层半高的楼房，布局简洁。外看，一般为长方形平面，清一色的青砖灰瓦，朴实素雅。入内，其格局多为二进三开间，左右对称。堂前均有较为狭小的天井，既供采光通风之用，又取四水归堂之意，无形中把人与天衔接起来，体现了"天人合一"的情境。这种植根于我省历史上经济、文化昌盛的赣中抚州土地上，土生土长，自成一格，具有浓厚的地方特色的赣派民居建筑，其实用、典雅、朴素、大方的典型风格是最能代表江西本域传统民居特点的。

这一点，与鹰瑞服务区设计所确定下来的建筑风格是不谋而合的。设计采用了赣式民居中最普遍也是最简洁的两破屋顶，但檐口出挑很深，形成了较深的阴影，成为屋顶和墙体的良好过渡，弥补了小式建筑因无斗拱而层次较少的不足。同时，为了让建筑的框景范围并不局限在某一个特定区域，弃用赣式民居中最为精彩的马头墙，使得建筑能在背景空旷的情况下视觉横向延展。这样一来，就形成了鹰瑞服务区建筑最基本的形制——坡屋顶。

在南城服务区的设计中，将传统的两坡屋面形式根据空间的布局要求，进行了些许复杂化的处理。餐厅部分采用一坡到底的造型手法，局部突起与主屋顶连接，使得成为一个既相对独立，又有机整体的空间，从而在外部形象上形成了简约、大气的视觉效果（图 5-34）。同时，将部分屋面处理成竖坡，与主体屋面分隔开来，极大地增加了识别性，并且在主体横坡的背景下形成了富有节奏的韵律感（图 5-35）。

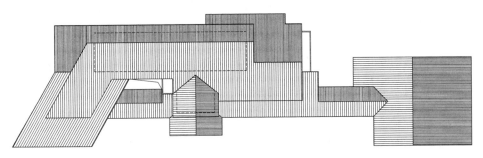

图 5-34　南城服务区综合楼的屋面组织关系（图片来源：作者自绘）

图 5-35　南城服务区综合楼的建筑效果图（图片来源：作者自绘）

在广昌服务区的设计中，将服务区的各个功能部分独立开来，覆盖同一屋面形式，通过连廊连接。在造型手法上类似传统的合院建筑，呈现出幽雅、精致的别样效果，颇具江南小调的风味，与素有"白莲之乡"美誉的广昌吻合得恰到好处（图 5-36）。

图 5-36　广昌服务区综合楼的建筑效果图（图片来源：作者自绘）

● 空间营造，自然融合

许多民居的空间组织与气候等自然条件紧密相连，通过房间的组合、院落的安排、室内外空间的开敞或封闭，创造出宜人的小环境。

在南城服务区的设计中（图 5-37），借鉴传统民居的布局方式，在合理布局各使用空间的情况下充分利用空间，通过敞开式连廊的连接，布置绿化，改善环境，调节小气候。

而金溪服务区的设计（图 5-38）借鉴地方民居的开敞式天井院，外封内敞，既阻挡了外界的热辐射，又有利于房间的通风采光。在较为荒僻的服务区内，为过往的司乘人员提供了一处幽静的可趣之处。

同时，所有鹰瑞服务区的综合楼建筑为了强调从室外停车场地到室内休息空间的层次的丰富性，让室内空间的前侧沿建筑轮廓后退形成一个敞廊，它既不像庭院那样毫无遮挡，又不像室内空间那样围闭，而是在深檐之下形成平台大小的灰空间，为过往的司乘人员提供了一个非正式的交流、休息的场所。这种空间形式是传统建筑当中最为典型的特征，在鹰瑞服务区的设计中得到了充分的运用。

● 因地制宜，就地取材

建筑作为物质的存在，离不开物质构成。在建筑的发展史中，地方材料和资源特色为地域建筑提供了条件和限制，它们是造就地域建筑风格的重要物质因素。尤其是对于高速公路服务区而言，建筑的用材多，运输困难，所占造价比重甚大。因此更需就地取材，就近采集和生产，并最大限度地发挥

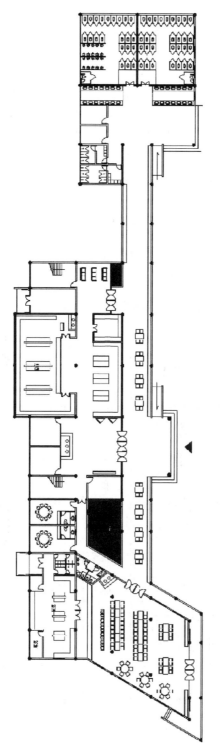

图 5-37　鹰瑞高速公路南城服务区平面图（图片来源：作者自绘）

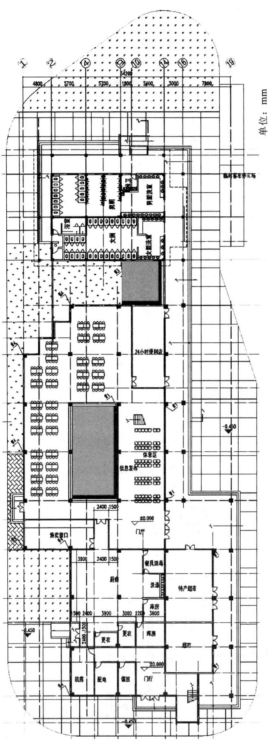

图 5-38　鹰瑞高速公路金溪服务区平面图（图片来源：作者自绘）

材料的美学特长。

鹰瑞高速的五个服务区，其中四个属于赣东部抚州地区，即金溪、南城、南丰、广昌。所以，设计在建筑材料的选择上尽可能地选用赣东地区的材料。该地区的自然气候适宜林木的生长，森林资源丰富，是江西省的主要木竹产区。因此，在鹰瑞服务区的设计中，就地取材，建筑的走廊护栏扶手等建筑配件大量使用木材、主要建筑物的门斗均采用木质构件来表现，建筑外墙面上也适当的采用了木质百叶，一方面能大大节约造价，另一方面也能够充分体现地方特色来，并且使得建筑更贴近所处的环境，达到一种和谐共生的效果（图 5-39）。

图 5-39　鹰瑞高速公路南城服务区的综合楼立面图（图片来源：作者自绘）

同时，仍然采用当地传统民居建筑的青瓦屋面、白色墙面，在色彩素雅的大调子之下，暖色调的木构架对其进行了调节。同时，为配合"红色文化"的主题，建筑底层的外墙面采用了具有红色文化气质的棕红色系面砖贴面，并局部适当赋予暖黄色文化石点缀。这样使得建筑具有了一种有别于赣式民居朴实素雅的外观效果，暖色调的运用既符合"红色文化"的理念，又在荒芜的高速公路上营造出一种亲切宜人的视觉力量。

③ 整体性

虽然鹰瑞高速公路服务区在表达上呈现出各自略微不同的地域特色，但作为鹰瑞高速整条沿线公路而言，尚应向沈大高速公路服务区学习，应在个性表达之外体现整体统一的视觉印象（图 5-40）。

由此可见，建筑造型的整体性设计原则即是在统一中寻求变化，在变化中展现自我。因此，设计依然可以将其归结为一种语言，针对于鹰瑞高速公

金溪服务区

南丰服务区

广昌服务区

宁都服务区

南城服务区

图 5-40　鹰瑞高速公路服务区综合楼效果图（图片来源：作者自绘）

路服务区建筑造型设计的专用语言，本人将其称为形式。

　　形式对于现代建筑而言，寓意颇多。对于向传统学习的新型地域性建筑而言，形式是最为直接的表现，虽然它在很大程度上显得并不是那么高明。它最为明显的特征就是基本遵循传统建筑的布局、体形、尺度特征，为适应现代结构和功能，建筑细部作简化、抽象处理，在传统的气氛中体现出现代建筑的特征。因此，就鹰瑞高速公路服务区的建筑设计而言，在简洁大方的风格之下，在向地方传统学习借鉴之后，便可归纳出鹰瑞服务区建筑美学上的几点基本形式：① 简洁的两坡屋顶；② 内庭外院；③ 敞廊；④ 木构件；⑤ 低调温暖的色彩；由此，便得出了鹰瑞服务区简洁大方、亲切宜人的性格特质。

5.4　第四阶段：服务区项目工程建设的技术性研究

在技术与建筑长足进步的社会里，呈现出两个方面的新特点，一方面，20 世纪 60 年代以来出现的环境破坏、能源危机等一系列问题，让人们感到技术的局限与无奈，引发了建筑领域对于技术、技术思维和观念的反思；另一方面，信息技术的高速发展，正在极大地改变着社会生活，新技术革命已经发展到了临界状态，它的爆发将带来建筑学的巨大变革，新技术引发新的技术思考。

由此可见，技术虽然是"双刃剑"，但是通过对技术哲学各种思想的认识可以看到：给人类带来灾难的不是单一的、独立的技术"本身"，"而是一种越来越决定着我们的生活方式的根本的文化旨趣——技术理性"。因此，要使技术真正成为人类实现可持续发展的武器，就要通过人文主义精神的张扬，以确立一种能够指导人类驾驭技术理性的价值理性。只有把技术理性纳入到价值理性的指导之下，我们才能将工业化的技术文明引入后工业化的技术文明，即人道化的技术。

因此从技术的层面对设计进行更进一步的思考，是对服务区项目工程建设的补充与完善。而服务区基于自身特殊的服务对象和使用要求，必定以高速公路为依附，成为城市间的一个相对孤立的据点，周边的环境相对偏远，可利用的资源十分稀缺。因此，有必要从生态技术的视角出发，从资源、能源、环境三方面对服务区进行技术层面的设计探讨，进而减少建设性的破坏，使服务区的建设走上可持续发展之路。

5.4.1　资源的合理利用

在服务区建设的过程当中，管理者反复强调的一个重要问题就是——服务区的用水问题。除了通过合理的选址来解决部分水资源匮乏的问题之外，设计本身仍然需要思考如何有效的利用较贫乏的水资源，提高有限水资源的

利用率，这恐怕也是当前最为关键的技术问题。

目前服务区的用水通过两个途径来解决，一是铺设自来水管道，接入城市管网；二是就地打井取水。而前者的铺设费用过高，自来水的费用偏高，故在服务区内一般采用后者，即就地打深井取水来解决服务区的生活、生产用水。这部分的用水量相当大，一般每对服务区的日平均用水量在 200～300 吨之间，少数规模较大的服务区则在 300 吨以上。然而地下水资源毕竟是有限的，并且在夏季用水高峰期很容易碰到干旱致使服务区井水不断下降，根本无法满足司乘人员的需求。如何解决供需矛盾，有效的确保服务区的供水，是确保服务区正常运营的关键。因此，进行在服务区内进行雨水收集和中水处理是必要的手段。

5.4.1.1　雨水收集系统

江西省多年的平均降水量为 1 567.8 mm，每年的 2—8 月的平均雨量都在 100 毫米以上。雨水充沛是本省一个显著的气候特征，这说明存在雨水收集的前提条件。一般而言在服务区内，收集来的雨水可以用于服务区的日常生活、生产，如冲洗洁具、浇灌场区内部绿化、冲洗道路等。更可以减少场区内部道路雨水径流量，减轻道路排水的压力，同时有效降低雨污合流，减轻污水处理的压力。

那么，该如何实现雨水收集的目的，这是接下来需要思考的问题。

收集雨水首先要有一个集水面，再配一套输水管，最后是蓄水池。收集雨水的系统并不复杂，投入最大的是蓄水池，其次是输水管。就目前的条件而言，收集屋顶的雨水，集水面也有，输水管也有，缺的只是蓄水池。而建蓄水池也并不是一个件很复杂的事，只要在综合楼周边的绿地底下建一个蓄水池，上面留一个取水和清扫池底垃圾的口，顶上覆盖土并种上绿化。这些积蓄的水源就作为绿化花园的主要浇灌水源，浇灌方式采用的是节水喷灌方式，可以控制灌溉水量和均匀度，不会产生深层渗漏和地表流失，并且可以根据植物需水状况调节洒水量，从而大大节省灌溉水。对比传统的浇灌方式，可节水 30%～50%。

随着海绵城市建设的不断推进，部分高速服务区也进行了海绵化升级，通过在服务区场地铺设渗透材料或其他设施，集成应用服务区污水处理、透水铺装、低影响开发雨水系统等新技术，进一步降低服务区能耗，有效解决路面积水等问题，提高水资源利用率。与传统利用场地和场区道路 0.3%～0.5%左右纵坡引流方法相比，雨水渗透收集后，可避免雨水沿服务区围墙四周低处排入附近农田，危害农作物，也可避免被汽、柴油污染的废水冲淹农田后引起不必要的纠纷，还可改善水质，有利于综合利用。同时促进了雨水、地表水、土壤水及地下水之间的"四水"转化，维持服务区水循环系统的平衡。

5.4.1.2　污水处理系统

高速公路服务区由于客运流量变化大，设计缺乏服务区的实际客流量和用水量的数据，无法准确预计实际排水量，以致在实际运营的过程中难以及时有效地处理污水，对周边环境容易造成污染。表面上，高速公路服务区污水处理设施对运行管理要求十分严格，但在实际运行管理中并未充分发挥其功能。污水管理人员和维护人员匮乏，严重影响高速公路服务区的安全运行。因此，需要深入了解高速公路服务区污水的特征，然后选择科学合理的处理工艺才能有效处理好污水。

服务区污水主要由厕所污水、洗涤污水、餐饮废水 3 部分组成，以生活污水为主，其中卫生间产生污水占总量 80%以上，污水中有机物含量较高，含有大量固体物质。主要成分：COD、SS、氨氮、TS、无机盐、微生物等，部分服务区具有汽车维修和清洗车辆功能，污水中含有石油类污染物。在整个高速公路服务区生活污水处理过程中，首先，进行的是预处理设施，在这个环节一般会选用化粪池，通过格栅将污水中大颗粒物质隔离，剩余的污水则会进入地埋式污水处理设备，让污水通过好氧、厌氧微生物进行生态处理，分解污水中的有机物，降低污水中污染物的负荷，使污水得到净化并加以利用；然后，把处理后的污水排入附近沟渠或中水回用系统中（图 5-41）。

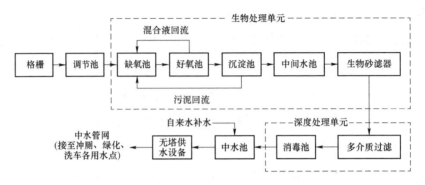

图 5-41　高速服务区污水处理工艺流程（图片来源：参考文献 [85]）

　　在实际的处理污水过程中，对选择的污水处理工艺的运行成本、处理效果、技术成熟度、建设成本、操作难度、周边环境等多个因素进行分析，衡量对高速公路服务区污水处理的作用。一般情况下，很多服务区会选择 A/O、SBR、MBR 污水处理工艺对高速公路服务区污水进行处理，以实现管理部门对高速公路服务区制定的排放污水的相关排放标准。A/O 处理工艺是改进的活性污泥法，可去除废水中的有机污染物，还可同时去除氮、磷，对于高浓度有机废水及难降解废水，在好氧段前设置水解酸化段，可显著提高水可生化性；SBR 处理工艺是一种间歇性活性污泥法，通过间歇曝气方式，使污水在单一的反应器中，按曝气、搅拌、沉淀、排水、再曝气的程序周期性进行；MBR 处理工艺是将膜分离技术与生物反应器结合，使生物反应器中大分子难降解物质，在超滤膜过滤下，彻底滤除，使污水处理效果更好。

　　除以上生物技术处理外，生态技术处理也是污水处理的重要手段，如人工湿地、土壤渗滤、稳定塘等。其中人工湿地技术具有出水水质好、景观效果好、运行维护简单等优点，在南方有一定场地空间的服务区污水处理工程中得到应用，如安徽潜山服务区、湖北孝感服务区、江西庐山服务区等。人工湿地是一种模拟自然湿地结构功能的生态净化污水技术，服务区污水经化粪池、调节池进行预处理后，投配到人工湿地中，通过湿地中的土壤介质的截留、吸附，土壤中及植物根系上附着功能微生物的生物转化降解，植物根系的吸附、吸收等作用对污水进行净化。人工湿地技术往往与其他工艺结合使用，有助于提高服务区污水处理的效率和质量，进一步提高服务区污水处理的生态效益和社会效益。

5.4.1.3　中水回用系统

"中水"一词起源于日本，是指洁净程度介于给水与排水之间的水，可以再次使用到工业再生产以及日常的生活当中。住房和城乡建设部于 1995 年颁布的《城市中水设施管理暂行办法》中将中水定义为：部分生活优质杂排水经处理净化后达到《生活杂用水水质标准》，可以在一定范围内重复使用的非饮用水。中水虽然不能饮用，但它可以用于一些对水质要求不高的场合，如用于景观灌溉和冲洗道路、车辆、厕所及绿化，甚至消防。由此可见，中水其实就是指循环再利用的水，是将污废水处理达到某种水的使用功能，它的使用是缓解水资源匮乏，减少排污、防止污染、保护环境的重要举措。而服务区每天均要排出大量的污水，因不能排往城市污水管网，现有的服务区均有自己的污水处理系统，处理后的水质达到国家二级污水排放标准，但因其污水量较大而且相对集中，往往还是对周围水体造成不同程度污染。

因此，在服务区内实施污水处理中水回用技术是最佳选择。国内外大量实践证明，服务区污水处理中水回用对水资源保护和经济可持续发展能起到重要作用。通过对服务区内产生的生活污水，这些水污染程度低，细菌少，可在建筑内直接建设简单的中水处理装置将这些生活污水转变成中水，再回用于服务区内。一方面，真正实现了服务区生活污水零排放，排除了生活污水对周围环境的影响；另一方面，大大节约了水资源，无论服务区采用何种取水方式，其水量都和成本成正比例的关系，所以降低了运营成本。同时从长远规划和高速公路事业的可持续发展战略的思路来看，服务区生活污水处理中水回用将是服务区水处理的必然方向。

5.4.2　能源的有效节约

节约能源是人类社会可持续发展的重要方面，已成为越来越受关注的重

要问题。而服务区一般远离城镇，相对封闭，无可利用的外部资源，须自身
解决供水、供热等，要消耗较多的能源。相关统计数据显示，服务区的建筑
能耗所占的比例要高于一般建筑的能耗。因此，在大力倡导节能减排的今天，
服务区建筑的节能更是不容忽视。一般而言，服务区的建筑应遵循可持续发
展原则，体现绿色平衡理念，通过科学的整体设计，集成绿色配置、自然通
风、自然采光、低能耗围护结构、太阳能利用、地热利用、绿色建材和智能
控制等高新技术，充分展示人文与建筑、环境及科技的和谐统一。

5.4.2.1 严格遵守建筑节能规范规定

建筑节能作为一项重要国策，相关部门制订了符合我国建筑节能要求的
一系列规范规定。《建筑节能与可再生能源利用通用规范》（GB 55015—
2021）[①]中明确规定，新建建筑应安装太阳能系统，其中的集热器设计使用
寿命应高于 15 年，光伏组件设计使用寿命应高于 25 年；并要求新建居住和
公共建筑碳排放强度分别在 2016 年执行的节能设计标准的基础上平均降低
40%，碳排放强度平均降低 7 kgCO$_2$/（m^2·a）以上。要求新建居住建筑和
公共建筑平均设计能耗水平进一步降低，在 2016 年执行的节能设计标准基
础上降低 30%和 20%，其中，严寒和寒冷地区居住建筑平均节能率应为 75%；
其他气候区平均节能率应为 65%；公共建筑平均节能率为 72%。无论是新建、
扩建和改建建筑还是既有建筑的节能改造，均应进行建筑节能设计。

5.4.2.2 合理规划服务区建筑布局

在建筑节能设计标准中有相关的条文规定：建筑总平面的布置设计，宜
利用冬季日照并避开冬季主导风向，利用夏季自然通风。建筑的主朝向宜选
择本地区最佳朝向或接近最佳朝向。然而服务区内的建筑布局在很大程度上

---

① 现批准《建筑节能与可再生能源利用通用规范》为国家标准，编号为 GB 55015—2021，自
2022 年 4 月 1 日起实施。本规范为强制性工程建设规范，全部条文必须严格执行。现行工程建设标
准相关强制性条文同时废止。现行工程建设标准中有关规定与本规范不一致的，以本规范的规定为准。

取决于高速公路的走向，一般都平行于高速公路，所以要确保建筑布局上采用南北向是件困难的事。因此，在难以保证良好朝向的情况下，服务区建筑的外形选择显得至关重要。一般而言，从节能的角度出发，建筑外形应考虑减少建筑物外表面积，避免出现凹凸变化过多的立面形式，尽量不要设计出体形变化过多的建筑，以避免出现不必要的建筑能耗。

5.4.2.3　有效利用外遮阳构造措施

有如前文所述，服务区建筑的朝向往往取决于高速公路的走向。因此当高速公路是南北向时，服务区建筑的朝向就难以避免地成为东西向。同时建筑由于功能的需求，往往大量采用了大面积的玻璃幕墙，致使阳光可直接进入室内，从而使室内温度迅速上升，产生温室效应。为达到降温目的，不得不加大空调的功率，耗能巨大。在这种情况下，建筑遮阳构造的措施作用就凸显了出来。建筑遮阳其实就是通过建筑构造手段，运用相应的材料构成与日照光线成某一有利角度，遮挡或通过影响室内热舒适性的日照而并不减弱采光的手段和措施。它的范围广、形式多，大致分为两部分，一是对建筑外墙、屋顶的遮阳；二是对窗户的遮阳。

以江西省为例，因地处夏热冬冷地区，建筑物冬季一般均无供暖系统，冬天的阳光可以为东、西、南朝向的建筑提供相对的热量。但夏季气温偏高，尤其是服务区内，由于大片面积的停车场的存在导致场区内并无过多的树木对建筑本身进行遮挡，长时间的日照会使室内温度升高，并不适宜司乘人员的休息。因此，江西省内服务区建筑的外遮阳必须是活动式的，既在保证夏季隔热降温的同时，也保证了冬季日照采暖和过渡（春、秋）季节的足够照明。但是，活动式外遮阳构造的应用有一定的困难，建设方对其的接受度目前还很低，他们认为服务区建筑的施工工艺应是简单易操作的。同时，由于服务区建筑的特殊性，根据使用功能要求而设置的落地玻璃窗是为取得良好的视觉效果，并不宜设置过多的遮阳构造来遮挡视线。因此，作为特殊类型的服务区建筑，其遮阳措施也有存在一定的特殊性，并不能完全从城市建筑

的角度来设计。所以，仍然以鹰瑞高速南城服务区为例，来阐明服务区建筑是如何从设计的角度，用简单的工艺来实现遮阳效果的。

首先，是对建筑外墙面的遮阳。外墙面的遮阳是一个相对简单的技术，在外墙面安装固定遮阳百叶构件即可，一来可以实现外墙面的遮阳；二来可以成为建筑外立面的造型的重要手段（图 5-42）。

图 5-42　南城服务区的外墙面遮阳（图片来源：作者自绘）

其次，是结合服务区建筑本身构件特点，使其产生遮阳效果。如设置适当加宽的外走廊，它既是一个联系内外的过渡空间，又可为司乘人员提供一个非正式的交流场所，更可在一定程度上避免阳光直射。同理，根据建筑的造型，适当的加宽了挑檐的出挑距离。这在某种意义上这些都可以认为是建筑的自遮阳系统，很好的把窗户置于阴影之中形成自遮阳洞口，在达到遮阳目的的同时，还能给建筑带来微妙的光影效果（图 5-43）。

图 5-43　南城服务区的自遮阳（图片来源：作者自绘）

最后，对于层数较低的服务区建筑而言，利用绿化也不失为一种有效而经济的遮阳方式。选择性地种植不仅可以遮挡窗口、其他洞口，还可以遮挡整个立面和屋顶，继而降低了传热导和热辐射。在夏季最热的时候，由树木或灌木遮挡的墙体表面温度可以降低高达 15 ℃，攀爬植物可以降低达 12 ℃。植被可以通过蒸发作用产生凉爽，也能提高周围的适应环境和产生舒适的过滤光线。

5.4.2.4 提高围护结构的保温隔热性能

提高围护结构的保温隔热性能是最常提及的节能方式，主要依靠的是减少围护结构的散热以及提高供热系统的热效率等方面。建筑围护结构主要包括屋顶、外墙和外窗三个部分。

首先，确定合理的屋顶形式以保温隔热。由于屋面长期处于太阳辐射之下，是建筑物接收太阳辐射的一个主要围护构件，该构件的太阳辐射吸收性能的好坏对于建筑物的节能具有相当重要的作用。在服务区内建筑的屋面形式主要有平屋顶和破屋顶两种。从平屋顶和坡屋顶的构造角度分析：坡屋顶比平屋顶在构造设计上多了一个部分——位于屋顶下的隔离空气层。隔离空气层是屋顶外表面和房间天花之间的缓冲，它和外屋面、天花吊顶共同作用，使整个屋顶的平均热阻得到了增大，外界环境对房间的影响因而相应减小。因此，坡屋顶应该比平屋顶具有更好的热舒适性。由此可见，在鹰瑞高速服务区的设计当中根据建筑美学等诸多方面而选取的坡屋顶形式，是符合江西的气候特征的，也是建筑节能的一个重要措施。

其次，加强建筑墙体外表面的保温性能。在墙体自身材料的选择上，由于江西地区夏热冬冷的气候特征，可以通过墙体来进行蓄热。所以在立面材料的选择时，尽量选择蓄热量大的材料。同时，为保护耕地，应主要采用以工农业废料制成的新型墙体材料，如水泥空心砖、加气混凝土砌块、绿色轻质隔墙板及其他一些不会破坏耕地的墙体材料。

同时也应采取一定的墙体保温做法，从技术层面上来加强外围护结构的

保温性能。外墙外保温做法是我国目前发展得比较成熟的节能措施，主要的做法是在外墙外表面粘贴或钉固聚苯乙烯板，或将聚苯板浇筑在混凝土墙体外表面，或抹上保温浆料，外贴加强网布并用聚合物浆料抹面，这样便可做出质量良好的保温墙体。除此之外，还存在另外一种技术——外墙内保温，其在技术上施工略简单，但内保温的做法会带来一些不利的影响，存在诸多弊端。

最后，提高外门窗的热阻和气密性。窗子和外门是整个建筑热量损失最多的部位，它的散热量约占整个建筑外表面散热量的三分之二。如果东、西、北的玻璃窗选用中空低辐射玻璃（Low-e 玻璃），对提高窗户的热阻显然是有利的。Low-e 玻璃的低辐射膜层能将 80% 以上的远红外线辐射反射回去，就像一面反射镜。冬季，它将室内热量的绝大部分反射回室内，因此保暖；夏季，它又可以阻止室外的热量进入室内，隔热效果很好。同时，为加强门窗的气密性，应选用密封性能好的门窗并加密封条，用密封材料填实穿墙管线连接处裂隙。

5.4.2.5 充分利用可再生能源

实现建筑节能，一方面通过降低建筑能耗的各种手段，另一方面要利用太阳能等自然资源，减少常规能源的消耗和对环境的污染，保持生态平衡。太阳能取之不尽用之不竭，是洁净的绿色能源，我国已把开发太阳能利用作为实现可持续发展战略的有效措施之一。近年来围绕"双碳"目标，我国对低碳服务区、近零碳服务区、零碳服务区的建设进行不断探索与创新，服务区绿色低碳转型势在必行。大量实践证明，光伏等分布式可再生能源在交通领域的应用具有重要意义，可有效减少交通运输的碳排放，为交通设施提供清洁能源支持，为服务区提供充电设施、路灯、监控系统等电力供应，降低对传统能源的依赖，提高能源利用效率。此外，光伏等可再生能源的应用还能够为交通运输行业带来经济效益，降低运营成本，提升服务水平。交通运输部在《2024 年全国公路服务区工作要点》中就明确指出，要推进服务区光伏基础设施建设。

　　光伏在服务区的应用场景一般为建筑物屋顶、停车场车棚、路侧边坡等区域。在建筑物屋顶铺设光伏组件（BAPV 或 BIPV 方式），不额外占用土地，节省电费、施工简单，成本较低，还能起到建筑屋顶隔热降温作用。在车棚顶部安装光伏组件，能够满足电动汽车充电、场区照明等设施设备用电需求，占地较小，还可为车辆提供遮挡阳光及风雪。而在高速公路两侧边坡铺设光伏组件发电，可用于电子标识标牌、场区监控、通信基站、警示灯、雾灯等设施设备的用电需求，低护坡及高边坡资源相对丰富，具有面积广阔及连片优势。光伏发电系统在高速公路服务区场区内或附近建设运行，以用户侧自发自用为主、多余电量上网且在配电网系统平衡调节。它能够就近逐步解决服务区自身的用电问题，并通过并网实现供电差额的补偿与外送。同时，分布式光伏发电系统规模较小，可以根据实际要求进行建设，建设区域选择性较大，在未来能源综合利用发展中有很大的发展空间。

　　虽然在国家政策的推动下，一些地区已经开始在服务区内部建设光伏基础设施，并逐步实现了可再生能源的利用。然而，服务区光伏建设仍然面临一些难点。首先，服务区规模较大，需要大量的土地用于光伏板的安装，而土地资源有限，土地征用可能会受到限制和竞争。其次，光伏设施的建设和维护成本较高，需要投入大量资金和人力物力。此外，由于服务区的地理位置和使用特点，光伏设施的布局和设计也需要考虑更多的因素，如日照情况、安全性等。

5.4.3　环境的充分保护

　　高速公路服务区是司乘人员停留休息的场所，重视服务区的环境保护问题，可以降低服务区运营期间对周边环境的影响程度和影响范围，使得服务区对周边环境的不良影响控制到最低水平或控制在环境自身承载力的范围内，从而提高服务区的管理水平，树立良好的社会形象。然而，服务区的环境保护与沿线农业生产、城镇分布、自然及人文景观、社会经济发展水平等环境特征相关，还与地形、地貌、公路等级、工程投资规模等建设条件相关，

是一门复杂的学科。在此，仅以服务区设计当中最为显著的手法来说明服务
区的环境保护问题。

5.4.3.1　顺应自然、融入自然

对环境保护的最关键之处就是"不破坏就是最大的保护"，坚持最大限
度的保护即是最低程度的破坏。因此，服务区的建设应顺应自然、融入自然。
要结合地形，因地制宜，保持自然景观的完整性，降低工程建设对原始地形、
地貌的自然性和稳定性的影响，减少对原生生态环境的破坏。在南城服务区
的设计中，由于该服务区是改扩建工程，其用地本身就平整，而新增的用地
比原有用地的标高要高，主要表现在西侧用地内（图 5-44）。

图 5-44　南城服务区（西侧）用地现状（图片来源：作者自摄）

在此，设计并没有急于消灭高差，而是在尽量减少土方量的前提下，充
分利用场地高差来进行合理的设计（图 5-45）。

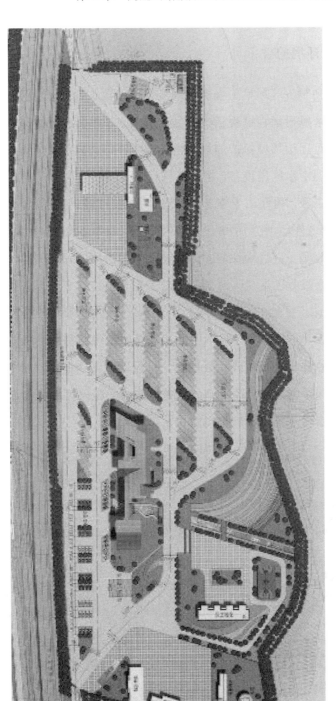

图 5-45　南城服务区（西侧）用地规划（图片来源：作者自绘）

5.4.3.2 减少对环境的破坏

在设计上做到服务区项目工程建设顺应自然、融入自然之后，应从技术层面来考虑服务区每日运营过程当中产生的废水、固废等处理的现实问题，这将成为服务区对周边环境保护的最关键的技术手段。如前文所述，建议服务区采用污水处理中水回用设备，将服务区日常运营所产生的生活污水经过处理之后转变为中水，再回用于服务区。这样就完全排除了生活污水对周围环境的影响。除此之外，如何对服务区的垃圾处理也成为环境保护的重要问题。

因为高速公路服务区环境比较封闭，给服务区的垃圾处理工作带来了很大困难。目前部分服务区内缺失对垃圾处理的合理措施，一般在服务区内设置一个垃圾堆放池，并有些就地焚烧（图 5-46）。但由于垃圾的特性，在垃圾堆放的过程中就会产生臭气，更不用说在焚烧的整个过程中出现的一些对环境不利的影响物质。还有一些与公司签订垃圾清运合作协议，由专门的公司负责每天清运生活垃圾，清运出去的垃圾最终去处是附近的乡村低洼地带随意倾倒，给社会带来危害。

图 5-46　南城服务区原有垃圾池（图片来源：作者自摄）

因此，对于服务区内的垃圾处理问题，也应与城市垃圾处理的手法接轨，实现分类收集、定点堆放的原则，最终形成一套适用于服务区这个特殊环境的垃圾处理的合理方式。目前，一些服务区建设了地埋式垃圾中转站，把收集来的垃圾封闭储存在压缩箱内，使垃圾无异味、无洒落现场，对固体废弃物的收集、压缩减容和封闭运转起到了很好的作用。地埋式垃圾中转站建设之前需要挖一个 1.5～1.8 米深的地坑，再埋入预埋件，用水泥定型，基坑硬化后利用吊车把地埋式垃圾中转站放入基坑内进行安装。设备内的生活垃圾温度处于恒温状态，不易腐烂，臭味散发相对较小，可最大程度地减少对周围空间的污染。高速服务区的地埋式垃圾中转站的主体隐藏在地面以下，在垃圾中转站旁边设有电器监控系统和液压泵站系统，对周围景观影响小，在地坑内设有排污口，生活垃圾被挤压出来的污水，通过排污口自动流入污水处理系统，避免对周边环境的二次污染。地埋式垃圾中转站在遇到服务区高峰期时可处理 80 吨以下生活垃圾，可以 2～3 天转运一次，大量降低服务区生活垃圾清运成本。

5.4.3.3　补充景观绿化因子

众所周知，高速公路服务区一般处于荒郊野外，其生态环境良好，并具有丰富的物种资源。服务区的设立，势必会影响所在地的生态环境，我们把这种影响称之为干扰。因此，除了上述的从设计层面、技术层面上的环境保护外，还应充分重视景观绿化的重要性。虽然服务区内的景观绿化设计一般由景观专业的设计人员来完成，但其仍然是在规划设计的基础之上，对规划出的绿化景观用地进行详细的设计。所以，在进行服务区的规划设计时，应充分考虑绿化设置的功能性及必要性，服务于服务区功能景观需要，又要尽快恢复植被，保持和发展园林绿化特色，使服务区在一定程度上能够对周边环境的进行补充。

在绿化树种选择方面，要求贯彻"乡土种、易成活、抗性强、品种多、色彩艳、树形美"原则。从高速公路沿线的地形地貌特征出发，从植物品种生物学、生态学特性入手，通过植物多品种的选择，合理布局，科学配置，点线面结合，使高速公路绿化既反映当地森林景观特色、现代化气息，又要

满足高速公路绿化稳定边坡、遮光防眩、诱导视线、改善环境的需要。对于服务区的绿化，植物选择原则是易植、易成活、抵抗力强、易修剪、易管理。这些区域不仅需要美化，还要香化、彩化，因此力求选择丰富多彩、姿态优美的植物，如桂花、茶花、香樟、刚竹、广玉兰、栾树、木芙蓉、红叶李、紫薇、红花檵木、金叶女贞、黄连木、枇杷等。服务区在进行绿化植物组配布置时，不仅需要考虑绿化植物的生态特征，也需与服务区各功能分区的需求相结合（表5-4）。

表5-4 低碳生态景观绿化植物组合模式

功能区	综合因素		
	交通服务要求	生态要求	景观要求
主辅路分隔带及贯通车道	阻隔遮挡	吸声、吸尘	常绿乔木为主、树冠丰满
停车场绿化带	隔离、分支点满足行车要求	遮阴、吸尘	常绿乔木为主、树形挺拔
综合楼周边广场	美观、服务	遮阴、植物对人体无害、根系不能影响使用功能	树形优美、有香气、适宜人驻足
加油站周边	绿化覆盖	根系不影响使用功能	绿化点缀
休闲观景区	观景、休闲	遮阴、植物对人体无害	树形优美、有香气、适宜人驻足、对人体无害

5.5 服务区项目工程建设经验的借鉴及启示

（1）明确服务区的功能定位

对于完全新建的服务区的功能定位，只能根据高速公路沿线所经区域的经济发展、自然资源、战略规划、交通网络布置等各方面的信息资料进行整理和分析。对于改建服务区的功能定位，应通过实地考察并结合车流行驶特点及现有布局的特点，提出在具备发展潜力的沿线主要城镇附近建设若干规模适当、具备综合服务能力的Ⅰ类服务区，配以现有服务区适当改造和加密服务区的增设，实现"Ⅰ类服务区"+"Ⅱ类服务区"+"Ⅲ类服务区"的模式。

（2）确定服务区服务设施的规模

服务区服务设施规模的确定，应首先根据主线预测第 10 年的交通量和相应的特征参数计算以确定服务区各个服务设施的规模。然后根据各地地方标准中所规定的服务区建筑面积范围值，对计算值进行适当调整。若计算值超出地方标准中的范围值，可根据计算值及场区内实际停车车位数来调整。若计算值在地方标准中的范围值内，仍可根据范围值适当地考虑发展余地。

（3）具体地分析研究服务区的基地现状

具体地分析研究服务区的基地现状是进行服务区规划设计的前提条件，其中很大一部分原因是因为服务区的布局形式与其选址和征地有着密切的关系。一般而言，在征地完成之后，基本上就确定了服务区的布局形式。在双侧用地不均衡的情况下，可考虑采用主线下穿式的布局形式，但仍需具体分析研究服务区的基地现状，充分考虑在实际操作中存在的局限性和复杂性，及今后在运营使用中存在的明显问题。

（4）致力于寻求功能布局的标准化模式

服务区内部设施的布置应遵循一定的方法步骤：先根据服务区的地形地貌等综合因素确定综合楼的平面位置；再对加油站、道路干线进行布置；最后再考虑其他设施的布置。一般而言，服务区内部设施的布置方式可以存在一种固定模式：综合楼宜靠近场区前侧布置；独立设置的公共厕所应与连廊和综合楼相连，也可与综合楼合并设置；加油站应设置在场区出口处；修理所、降温池、加水设施等宜设置在场区入口处；附属建筑的位置应隐蔽。同时，还应统筹考虑远、近期规划，为将来的发展留有余地。

确定服务区的基本功能设施布局，形成了明确的功能分区之后，便应对穿插于其中的各交通流线进行一个合理的组织。首先应深入分析各交通流线之间的联系，根据使用活动路线与行为规律的要求，有序组织各种人、车交通，合理的规划设计场地的布置，才能将服务区的各部分有机联系起来，形成统一的整体。完成服务区的规划布局后，仍应充分考虑"以人为本"的原则，明确环境设施的布置，以完善服务区室外环境的可观性及可用性。要求

做到绿地覆盖率不小于服务区用地的 25%，并应在停车场内适当的布置绿化设施，改变长久以来的大面积水泥混凝土覆盖地面的方式。

（5）成功的建筑设计是服务主导功能下的直观表现

综合楼是占主导地位的建筑，但从设计而言却又相对简单，从功能分区、平面组织、空间组合三个方面即可全面分析出合理的建筑形式，即：① 在功能分区上将动区与静区分层而设，合理安排对内与对外功能用房的位置，同时防止会产生污物的用房对邻近功能组成部分的影响；② 宜采用二元空间平面，将综合楼与公共厕所分开设置，形成两个相对独立的空间，但又楔入一个相互衔接的过渡空间，使这两个空间在平面形态上更趋于完整和协调统一；③ 在空间组合上，对某些特别高的使用空间可使其成为建筑的独立部分并与其他多层部分毗连，形成单层与多层相结合的剖面形式。

公共厕所作为使用最为频繁的设施，其设计的关键在于如何减少使用者的等候时间并实现分区使用，所以建议在设计服务区公共厕所时应注意：① 关于男女蹲位的数量比例，一般为 1:1.5；② 除了必需的卫生设施的设置外，还需充分考虑特殊群体的要求；③ 应充分考虑使用者的使用特征来布置各功能组成；④ 卫生设施应成组布置，方便分区使用；⑤ 适当的扩宽公厕内部的走道，创造足够的等候空间。对于其他附属建筑设计，要求其造型及立面风格应尽量与综合楼协调一致。

（6）深入地研究无障碍设计在服务区建设中的运用

服务区的无障碍设计包括两部分：外部环境及建筑物的无障碍设计。其中，外部环境的无障碍设计主要为停车场及部分室外休息空间的处理上。而建筑物的无障碍设计涉及的面较多，有建筑的出入口及门、水平和垂直交通、公共厕所及服务设施等，这就要求从细节之处来体现服务区的人性化设计。

（7）正确地把握服务区建筑美学的原则

服务区建筑美学的关键在于在一个类似标准化建设的过程里，如何通过现代的设计方式来塑造一个具有地方感的场所。因此，所遵循的原则是：① 简洁大方的建筑风格；② 反映场所精神的标志性；③ 地域性建筑语汇的表达——师法传统、空间营造、就地取材；④ 整体统一的视觉印象。

（8）关注实现服务区可持续发展的技术手段

首先，通过雨水收集及污水处理中水回用系统来有效的利用较贫乏的水资源，提高有限水资源的利用率。其次，在严格遵守国家和地方的建筑节能规范规定之下，通过自然通风采光、外遮阳构造、低能耗围护结构、太阳能利用等技术来实现服务区建筑的节能。最后，通过融入自然、减少对环境的破坏及补充景观绿化因子等措施来降低服务区运营期间对周边环境的影响程度和影响范围。

第6章 高速公路服务区提质升级研究

随着经济社会的发展，出行结构的变化，人民群众对交通运输的需求也在不断增长。依托现有高速公路路网结构，单纯追求数量规模的服务区已无法满足社会公众高品质出行的需求，存在建设标准偏低，规划设计理念不先进，公益服务品质不优，经营管理不规范，服务设施陈旧老化，文旅、物流、商贸等配套服务功能薄弱等一系列亟待改进的问题。服务区作为高速公路的重要节点，直接关系广大人民群众的切身利益，也关系区域经济的发展及社会服务的升级。

2022年4月，交通运输部印发《"十四五"公路养护管理发展纲要》[①]通知，明确要求提升服务区服务体验。推动公路服务区设施提档升级，优化货车停车位供给，加强服务区污水、垃圾等污染治理，鼓励老旧服务区开展节能环保升级改造。加强服务区无障碍环境建设，完善适老化、人性化服务设施。积极配合相关部门推进公路服务区充（换）电设施、加气站、加氢站、光伏发电等新能源设施建设。大力发展"服务区经济"，加强与物流、文化、旅游、乡村振兴等产业的融合。创新公路服务设施运营模式，鼓励社会力量参与公路服务区运营，推动服务区由基本保障型发展模式向"精细化、标准

[①] 交通运输部2022年4月印发《"十四五"公路养护管理发展纲要》，提出以推动高质量发展为主题，着力推进设施数字化、养护专业化、管理现代化、运行高效化和服务优质化。"十四五"期，交通运输行业将统筹发展和安全，提升公路基础设施韧性，坚持科学耐久，维护路网良好技术状况，突出绿色低碳，促进资源集约节约利用，强化智慧创新，推动公路数字化转型，聚焦优质高效，提高公路运行服务水平。

化、特色化、主题化、规模化、智能化"的高质量发展模式转变，进一步提升服务区服务品质和公众体验。并提出到 2025 年，公路服务区服务质量达标率达到 100% 的目标。而后在《2024 年全国公路服务区工作要点》中，再次要求各地全面提升公路服务区服务品质和水平。推动服务能力提质升级，探索开放式服务建设，推进"服务区＋"融合发展。明确开展近零碳服务区探索创新，推进服务区光伏基础设施建设等。

由此可见，在顶层设计明晰、市场化运作进一步强化的背景下，我国高速公路服务区正加速由基础保障型向高质量发展型转变，其显著特征包括服务设施智能化、绿色化，经营模式主题化、特色化，功能定位窗口化、一站式。同时，高速公路服务区正在与旅游、物流、文化、乡村振兴等深度融合，成为交通运输与地方经济深度融合的重要节点。近年来涌现的商业综合体、旅游休闲区、文化传播站、网红打卡地遍布高速公路，这标志着服务区真正进入了提质升级的新阶段。

6.1　服务区提质升级建设思路

从高速公路发展的历程来看，我国服务区现状不合理的现象，既有各地区经济发展水平不均衡、管理体制落后等的外部因素，又有服务区自身发展历史不长、经验不足而盲目建设的内部因素。这些都导致了我国服务区的建设滞后于高速公路的建设，这必将对服务区的提质升级提出更新调整的要求。从宏观的角度来看，服务区的优化提质是有其经济的、社会的、环境的目标；从微观的角度来看，服务区的改造升级应始终遵循"以人为本"的基本原则，最大限度地满足人民日益增长的美好交通出行的需求。针对当前我国既有服务区普遍存在的问题，结合绿色低碳技术及智慧化服务区改造的要求，提出如下设计思路，如图 6-1 所示。

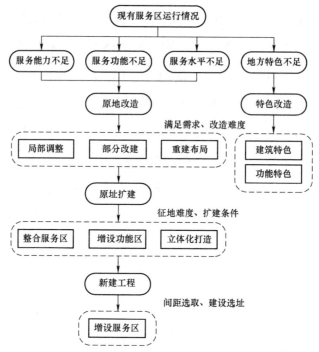

图 6-1 服务区提质升级建设思路（图片来源：参考文献［100］）

（1）科学定位、分类指导

对于服务区的功能定位，应根据高速公路沿线所经区域的经济发展、自然资源、战略规划、交通网络布置等各方面的信息资料进行整理和分析，并通过实地考察，结合车流、客流情况及现有布局的特点，合理确定服务区整体空间规划布局。按照交通运输部和省级交通运输行业主管单位关于服务区的有关要求，遵照行业和地方技术标准规范的规定，提出分类分层改造策略。对于服务能力不足的普通服务区，要全面开展服务区问题整改，完善服务区基础设施，确保基本服务功能到位；对于重点打造的功能复合型服务区及中心服务区，要加快升级服务设施，丰富经营业态，充分发挥示范引领效应。

（2）完善功能、设施升级

坚持"需求导向、统筹规划、合理布局、功能匹配、经济实用、可持续发展"的原则，从服务区的使用者和服务对象需求角度出发，升级服务设施，满足司乘人员从基础性需求向多样化、精细化、个性化需求转变。在保障服务区通行车辆加油、充（换）电、维修和人员休憩、就餐、如厕等基本服务功能的基础上，因地制宜拓展"服务区＋"的模式，着力打造一批具有特色文化展示、交旅融合发展等功能的新型服务区。要扎实开展"厕所革命"和电动汽车充电桩、LNG加气站、"司机之家"等建设，加快对既有服务区主体建筑、停车场、公共卫生间、就餐区、超市等重要场所升级改造，重点解决公共卫生间厕位少档次低、设施维护不及时、主体建筑墙体老旧、功能区配置不合理、停车场容量不足、充电桩数量少、标志标线不规范不清晰、危险货物车辆未专区停放等突出问题，进一步提升便民服务水平。

（3）塑造品牌、提升形象

高速公路服务区作为地方发展成就和特色形象的展示窗口，也是交通运输全面推进乡村振兴的重要平台。服务区整体环境的提升应立足于区位优势，充分挖掘当地自然资源、人文特色及客群特点，提炼文创主题、创建服务品牌，形成特色化、差异化的发展模式，实现"一线一策，一区一品"。继而结合地域文化特点及品牌深化建设，对服务区建筑景观、室内设计、导视系统等进行全方位一体化设计，将建筑与景观、交通与旅游、地域文化与商业形态融合，确保整体设计符合实际运营需求、符合安全生产和环保标准。服务区综合楼可通过继承优化原有形象或者突破重塑建筑形象两种造型设计方式来达到修旧如新的效果，力求使其与人文环境衔接，包括与本土文化的结合、与城市或周边环境的融合，创造出充满生机与活力、富有主题和文化内涵的特色服务区。同时，室内设计作为建筑设计的延续和补充，风格和色彩上尽可能和建筑设计保持一定的延续性。

（4）绿色低碳、交能融合

高速公路服务区不仅是为司乘车辆提供出行休整的休息区，也是推广地方特色文化的展览区，同时也是服务转型升级、发展绿色改造的先行区。贯彻绿色低碳理念，加强既有建筑节能改造，充分利用可再生能源，已成为高速公路服务区提质升级的新路径，并形成了"交通＋能源"协同发展的新趋势。关键是要推动服务区光伏基础设施的建设，并将光伏发电与新能源服务

综合运用，打造集清洁能源发电、充电桩、换电站于一体的新能源综合补给站，在电力耗能方面实现"碳中和"。同时，对现有污水处理设施进行升级改造，并对垃圾进行分类处置，推进污水处理提质增效、提升垃圾规范化处理水平。此外，在服务区升级改造的过程中，通过采用节能环保新技术、新工艺、新材料、新设备，可以有效提高工程项目的绿色实施水平，减少资源的消耗和环境的影响，促进服务区的可持续发展。

（5）科技赋能、智慧建设

大数据时代背景下，服务区已由传统的加油、如厕、餐饮等基本服务，逐步发展为以互联网、物联网信息化为特色的经营管理、休闲娱乐、增值营销、电子商贸等业态丰富、功能齐全的新型商业区。信息化、数字化、智能化的融合转变发展，也是服务区转型升级的必然趋势。推进智慧服务区的建设，以网络传输体系、技术与标准体系、运行保障体系为基础，以大数据处理中心和云服务平台为核心，通过视频监控、车流检测、人流检测、Wi-Fi系统、发布系统、广播系统等方式，将采集到的车流、人流、监控等基础信息以及交通流量数据、交通事件等路况信息进行数据分析和深度学习，实现服务区管理、公众出行服务、商业拓展等业务的智能化，促进高速公路服务区提质增效与转型升级，将高速公路服务区打造成精细化、品质化、智能化的高速公路枢纽。

（6）开放经营、平急两用

对于临近主要城镇、乡村聚落、风景旅游区、物流集散地等人流物流聚集、辐射范围广、知名度高、具有潜在开发价值，且占地面积较大或者具备一定扩建条件的高速公路服务区，按可Ⅰ类服务区的建设标准，通过功能拓展将服务区升级改造成集购物、休闲、物流集散等为一体的复合功能型服务场所，并考虑采用开放式经营的方式，有机衔接高速公路与地方道路的转换，盘活外围闲置土地，实现区域资源共享和服务功能综合利用，促进服务区新业态的发展，打造出行消费的新场景。同时，超大特大城市周边的开放式高速公路服务区，还可以拓展"平急两用"的功能，即平时构建多元特色体验的门户支点，发挥交通旅游集散地功能，缓解假日集中出行期和旅游旺季的交通拥堵问题；急时将转换为应急避难、紧急疏散、临时生活安置以及医疗救护场所，实现风险应急处治安全承载区功能，提升旅游交通系统协同治理和应急水平。

6.2 服务区提质升级建设措施

我国大部分省份在现行国家标准、指标的基础上，结合当地服务区运营管理的现状及设计建设的经验，出台了一系列适合本土的高速公路服务区相关技术指标，用以指导当地新建、改扩建服务区的建设。目前，我国高速公路服务区网点基本健全，布局相对合理，硬件设施、服务能力以及服务水平基本能够满足高速公路运营服务的需求。但与经济社会发展和人民群众不断增长的交通运输需求相比，仍存在较大的差距。突出表现在重大节假日期间车辆进出难、停车难、加油难、充电难、司乘人员如厕难、环境卫生差等问题，同时服务区自身建设还存在绿色低碳发展理念落后、服务设施陈旧老化、多元化、精细化、高品质的服务供给不足、品牌文化特色缺失等一系列亟待改进的问题和不足。因此，服务区提质升级建设措施主要集中在以下四个层面。

6.2.1 优化服务区布局规划

根据服务区功能定位、布局原则及总体规划目标，经过综合分析、优化、论证，按照服务区类型划分的三个层次布局规划服务区。首先，根据交通量和服务区自身的资源禀赋条件，将路段交通量 80 000 pcu/d 以上，或为路网区域中心临近大中城市、或通往著名旅游景区等重要路段的服务区确定为重点服务区（Ⅰ类服务区）进行精心打造；然后，梳理各地资源和产业情况，选择能辐射区域资源的服务区确定为特色服务区（Ⅱ类服务区）进行精准改造；最后，全面提升普通服务区（Ⅲ类服务区），对服务区主体建筑破旧、功能匹配不合理、停车场车位不足、功能不齐全等问题进行全面整改，提升

服务区整体形象。同时，在服务区间距过大和车流量饱和的路段，适当加密服务区和停车区，统筹服务区布局，进一步优化服务区的平均间距。

以高速公路路网结构较为发达的广东省为例，截至 2019 年年底，服务区和停车区的平均间距为 42.3 千米，密度为每百公里 2.4 对。其中，服务区平均间距为 58.5 千米，密度为每百公里仅为 1.7 对。根据《广东省高速公路服务区布局规划（2020—2035 年）》，该省高速公路服务区建设分为 2020—2025 年（近期）、2026—2035 年（中远期）两个实施阶段。其中，2020—2025 年加快推进 74 对在建服务区建设，规划新建 118 对服务区，升级改造 46 对现有服务区。至 2025 年该省高速公路里程达 12 500 千米之时，服务区平均间距达到 31.4 千米，密度达到每百公里 3.2 对。已建和规划建设高速公路服务区实现充电设施全覆盖。现有高速公路服务区间距偏大、规模不足等服务短缺问题将基本得到解决。同时，打造具有示范效应的特色功能服务区和优质品质服务区，推动智慧服务区建设。2026—2035 年，规划新建服务区 216 对，改造服务区 40 对。至 2035 年，服务区平均间距达 24.3 千米，密度达每百公里 4.1 对，平均间距较目前缩短近一倍，形成与高速公路网络相匹配的服务区体系。主要通道、大中城市周边、省界、旅游目的地、产业聚集地附近均设置了 I 类服务区，形成一批具备旅游、休闲、商贸、物流等拓展功能的特色服务区，成为宣扬社会主义核心价值观和展示广东省地域文化及良好形象的重要窗口。

在确定了服务区整体布局规划后，宜根据交通量、车型构成、驶入率、高峰小时系数、平均停留时间、假日服务系数等参数计算确定服务区用地规模，在满足实际需求的基础上适度预留扩充用地空间，优先保障重点服务区增扩用地。

6.2.2 改造服务区基础设施

6.2.2.1 停车场

停车场作为服务区最基本的设施之一，是为了满足驾乘人员生理需求并解除疲劳和紧张所需要的最低限度的服务设施。目前服务区停车场存在的问题主要集中在停车位紧张、货车停车区布置不合理、停车管理不规范、存在安全隐患等问题上。因此，停车场的升级改造主要从扩容泊位、潮汐分流、能源转型、信息建设等四个方面展开。

（1）扩容泊位

服务区停车场扩容改造除要根据主线交通量及组成、驶入率、高峰率和周转率进行合理计算停车位数量之外，还要根据主线交通量及车型结构，科学调整客、货车位占比。货车流量大的服务区，要适当增加货车停车位数量，增强服务能力。夜间货车流量大的服务区，通过设置潮汐车位，夜间将部分客车车位临时调整为货车车位，以解决夜间货车集中停放供需矛盾的问题。

对于原地改造的服务区，通过整合场区内的空闲土地进行硬化处理，重新调整停车区域、停车形式及增加停车位数量，合理组织车辆交通流线以提高停车场服务效率。如粤赣高速和平服务区，通过对空闲土地进行水泥混凝土硬化、对服务楼前小车停车场加铺沥青混凝土、对停车场破损的水泥板进行维修更换、对场区内进行绿化升级、重划标线规划停车区、对损坏的路缘石进行更换维修等项目进行提升改造，服务区场区硬化整体面积比原来扩大7 000 多平方米，相当于增加一个足球场大小；停车位比原来增加 218 个，增加后共有停车位 417 个，停车容量较之前增加 110%。粤赣高速和平服务区是江西进入广东后的首个服务区。提升改造后，服务区各区域得到了最大化合理利用，各项功能区域特别是停车场、贯通车道、分区停车设置更加规范、安全（图 6-2）。

对于原址扩建的服务区，除要整合资源重新调整停车区域之外，还要适当增加服务区用地面积，减少绿化面积，扩大停车场地，重点用于货车停车位建设。将综合楼周边的停车场地划分为客车停车区，将新增停车场地划分为货车停车区，各自独立实现货车、客车分区停车，提升行车的安全性。设置危货专用停车场，服务危险货物运输车辆停放。并且可参考《高速公路服务区地面彩色导向标识设置指南（T/CHTS 10038—2021）》的要求，运用彩

色路面铺装对不同类型的停车区域进行颜色区分，从而有效地对服务区车行进行引导（图6-3）。

图 6-2　粤赣高速和平服务区改造前后对比图
（图片来源：广东省交通运输厅官网）

图 6-3　平益高速新泉服务区地面彩色导向标识设置鸟瞰图
（图片来源：湖南交通运输官网）

（2）潮汐分流

对于车辆高峰期时段双边场区车流量不平衡的服务区，可在车流量小的一侧场区内新增"潮汐式"停车位（图6-4），通过两侧服务区互通转换通道，将停车位接近饱和的一侧服务区车流引导至对向服务区临时停放区域，进行停车、加油、充电、休息、如厕、就餐等，有效缓解因服务区饱和导致的拥堵问题，提升服务区的承载力。

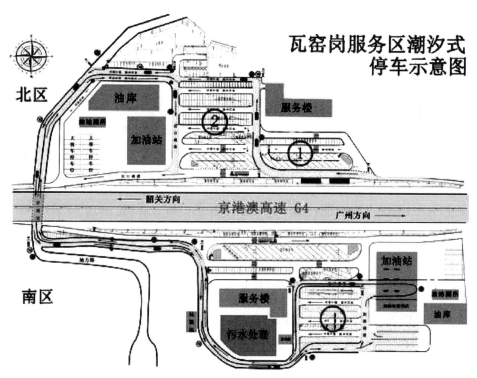

图6-4 京珠高速瓦窑岗服务区潮汐式停车示意图（图片来源：《广州日报》）

（3）能源转型

按照高速公路服务区交通流量、交通组织、场区功能分区等，推进快充站布局建设，优化交通标识，引导电动汽车与燃油汽车分区有序停放，确保电动汽车停车位专位专用，为电动车辆提供安全高效的充电服务。高速公路服务区充电设施覆盖多种车型，逐步探索无线充电设施试点建设。要利用高速公路服务区存量土地及停车位，加快推进充电基础设施扩容改造，按不低

于小型客车停车位 10%的比例进行改造或预留安装条件，可在小车停车位后方增长 1.5 m，为设置新能源充电桩预留位置，同时车位后方的地下应预埋所需的管线。具备条件的既有高速公路服务区充电设备要逐步提升至停车位总数的 20%以上。与此同时，在城市群周边等高速公路服务区建设超快充、大功率电动汽车充电基础设施，提升充电基础设施全寿命周期收益。在具备建设条件的服务区建设屋顶光伏、车棚光伏等多种发电设施，并将光伏发电与新能源服务综合运用，开展光伏、储能与充换电设施一体化建设。

（4）信息建设

在数字化转型的背景下，高速公路服务区仍存在信息发布、设施运维、运营管理等数字化水平参差不齐，信息采集不全，服务区运营效率不高等问题。尤其是停车场，没有高效的停车诱导措施，容易造成高速公路服务区停车资源紧张、停车难、充电难的问题凸显，需要借助停车信息化的"大数据"实现资源有效整合、利用和规范管理。如江西畅行公司搭建"智慧服务区数据中台"，围绕"人、车、场、服"四个要素，通过改造后的卡口摄像头、传感器等智能设备或人机交互系统，可以归集服务区衍生出的繁杂数据并进行清洗，在分析、建模后，将其对应储存在信息发布系统、商业管理系统、物业管理系统、视频监控系统、司乘服务系统、应急保障系统 6 个子系统中，使数据变得有序且富有价值。这些主题数据库初步形成了高速公路服务区动态感知体系，有效提升运行监测能力。目前，庐山服务区、南城服务区已实现内外场重点部位视频监控 100%覆盖和服务区车流量 100%检测。通过在出入卡口上安装高清摄像机，抓拍获取车辆进出服务区的信息，利用视频识别技术，可实现车辆身份判断、车位检索、车位引导等功能。在距离服务区 500米处设置数据实时更新的诱导屏，显示该服务区的车位信息，以便司乘提前作出判断，充分利用有限的停车场资源来最大程度满足车辆的停泊需求。

此外，还可充分利用地上、地下空间建设多层立体综合楼和停车场，提高用地强度。如改造后的嘉兴服务区（图 6-5），在既有土地边界的范围之内通过"立体复合"的策略形成全新的、集约化的解决方案，满足功能内容的扩充及停车流量的增长两方面诉求。"底层架空停车"是其中的核心策略。设计通过将建筑抬升、释放地面空间等方式，有效组织进出车流，并扩充了停车规模，极大地提升了土地资源的利用效益。

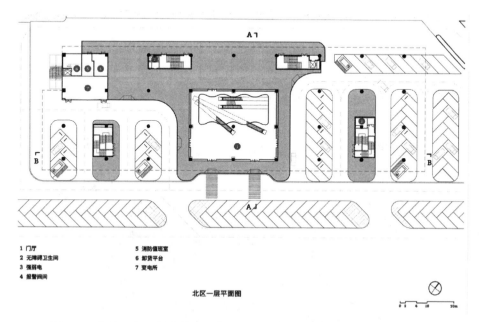

1 门厅　　　　5 消防值班室
2 无障碍卫生间　6 卸货平台
3 强弱电　　　　7 变电所
4 报警阀间

北区一层平面图

图 6-5　嘉兴服务区综合楼底层架空停车场（图片来源：goa 大象设计）

6.2.2.2　综合楼

目前既有服务区综合楼大部分都是本世纪初建造而成，经过十余年的运营及使用，普遍存在基础设施不齐全、功能退化严重、建筑能耗过大等问题。随着各地提质升级工作的开展，改造后的服务区综合楼在营业面积、经营模式、硬件设施、人性化设计等方面都得到了较大提升，其改造方式可归纳为空间改造、主体扩建、立面更新、绿色改造四个方面。

（1）空间改造

对于具有一定空间承载力且能够满足实际使用需求的综合楼，在不改变建筑体量关系的前提下，仅需对内部空间布局重新作出分隔调整，并延续地域文化、品牌特色等进行室内空间设计，以展现地方形象和文化内涵。如杭

长高速军山湖服务区，在升级改造的过程中，着眼于地处军山湖大闸蟹核心产区内的地理区位优势，充分利用物产、旅游资源丰富的优势，以大闸蟹售卖、旅游体验、农家乐为核心的提升构思，对服务区综合楼内部功能、商业进行进一步的提升，引入多样化品牌及文化，将服务区打造成地方特色市井文化内街。室内街区的改造已成为近年来服务区出圈的形式之一，如苏州阳澄湖服务区的江南水乡小镇、广东恩平大槐服务区的侨乡小镇等（图6-6），是综合楼空间改造的重要途径和方向。综合楼室内街区的打造，需要在服务

图6-6　国内典型高速公路服务区地方特色文化内街空间（图片来源：百度图片）

功能整体定位规划下，将主题场景和商业、艺术进行更好的融合，并体现在服务业态、软硬件设施等方面的统一规划。通过综合楼建筑主体、室内装饰、景观小品等统一布局，营造主题场景。同时，要深入挖掘主题背后的文化资源，将文化体验与场景融合，激发服务区文旅融合、文旅融合发展的场景动力。

（2）主体扩建

当综合楼内部空间无法满足服务区功能升级时，往往采用扩建的方式对原有建筑空间进行改造，主要包括水平扩建和垂直加建两种方式。水平扩建就是在原有建筑物周围增加新的建筑体量，以扩展建筑的水平空间范围。常见的做法有：一是拆除原有的分隔墙体，扩大柱网的空间尺寸；二是通过填补的方式化零为整，局部增大建筑的进深；三是拆除外墙重新用钢结构加固，在原有建筑主体的基础上扩建；四是在既有建筑可发展的空间方向上，扩建新的建筑体量，通过间接连接的方式将两个或多个体量相连。在可供扩建的用地紧张或者内部空间狭窄的情况下，综合楼改造可采用垂直加建的方式进行。垂直加建是指在原有建筑物垂直方向增加新的空间，以提升建筑空间的垂直高度及可用容积。如建筑层高较高，可通过内嵌的方式增设局部夹层，扩充空间容积；或在原建筑顶部局部或整层垂直扩建，这种扩建方式将改变原建筑的轮廓线，影响建筑形式。受屋顶结构、加固技术等方面因素的限制，这种垂直加建的方式在服务区综合楼改扩建的实践中应用得较少。

（3）立面更新

综合楼的立面更新除考虑功能定位、地域文化、安全要求、周边环境的影响等因素，合理选择建筑材料、色彩对原有立面进行修补、改造外，还应结合服务区的主题特色进行风格化设计，以期在快速单一的高速公路上获得清晰的视觉形象。以湖南省高速公路服务区转型升级为例，以体现"展示地域特色，打造精品路线，实现一区一策"的高质量发展要求为目标，在服务区提质改造的过程中，充分挖掘地域特色打造服务品牌，改变了服务区"千篇一律"的总体形象。如以"红色摇篮、将军之乡"为设计主题对岳阳平江服务区进行改造（图6-7），提炼"红色潇湘、薪火永传"的文创主题，将服

务区主体建筑设计成为"红军军帽"景观，采用蓝色为主基调并以红色五角星突出入口空间设计，成为展示平江忠勇红色文化的窗口。朱亭服务区的提质改造（图6-8），结合株洲的城市特点，以古镇的文化底蕴为背景，提炼出的文创主题为：朱亭时刻，文艺站台！将服务区主体建筑打造为一座文艺复兴的火车站台。以白色、灰色等中性色为主基调，将原建筑入口的连廊空间延伸改造为文艺风情街，着以绿色建设成车厢的外观形态，前端增设火车头主题装置，使得整个建筑外墙犹如一列绿皮火车停靠进站，增添服务区的记忆点。

图6-7　平江服务区改造前后对比图（图片来源：百度图片）

图 6-8　朱亭服务区改造前后对比图（图片来源：百度图片）

（4）绿色改造

目前国内既有服务区综合楼的升级改造更多地聚焦于内部空间的扩容、外部立面的翻新，并增设装饰造型等快捷的方式上，而对建筑节能改造、可再生能源利用等方面是有所缺失的。再加之早年规划的服务区更多以满足功能需求为主要目标，对于建筑节能方面考虑退居次要。且大多数服务区综合楼均面向高速公路呈一字型展开，成为影响建筑室内自然采光通风的一项不利因素。在"双碳"目标的引领下，对服务区综合楼的性能也提出了更高的要求。最重要的是要通过表皮"换绿"的方式，来进一步提高建筑的能源效率、改善室内环境。如众建筑在正向能源宅中应用到的三层表皮系统：内层

原建筑表皮不做太大的改动，减少改造成本；中间层增设气密隔热层将内层包裹，以保证良好的节能效果；外层吊挂的太阳能板遮阳层，形成立面遮阳的同时可以产生最大有效面积的太阳能板，层和层之间脱开，不影响室内的视线并允许空气流通。通过三层皮的改造策略以及光伏板与遮阳系统一体化的预制系统，来达到建筑产能大于消耗的目的。

6.2.2.3　公共卫生间

交通运输部自 2021 年开展深化公路服务区"厕所革命"专项行动以来，全国各地服务区均对公共卫生间进行了升级改造，通过增加厕位数量、更新硬件设施、完善人性化设施、改造新风除臭系统、添加地方文化元素等一系列措施，一改之前服务区厕所存在的"如厕难""环境差"的问题，极大地提升了服务区的服务品质及水平。

（1）增加厕位数量

厕位数量过少是导致服务区公共卫生间男女厕位比例不均衡、厕位不足的主要原因。为了解决这一问题，可以采取以下措施：一是通过局部扩建增加厕位数量，尤其是女性厕位的数量；二是在既有空间范围内改造场所布局，增加厕位设置的空间；三是设置潮汐厕位，通过控制男女公厕连接处的两扇门，实现厕位调整，在高峰时段适当增加男、女厕位，以合理资源利用的形式极大地改善高峰时期的如厕需求。

（2）更新硬件设施

利用物联网、互联网、大数据、云计算、自动化控制等先进的技术手段，更新公共厕所的硬件设施，如：蹲位红外监测、厕所流量监测、烟雾传感器、声光报警器、紧急求助器、厕所气体监测等，并通过后台管理软件对公厕系统进行监控和管理，通过外挂大屏实时展示厕所数据，实现公厕的智能化运营管理，形成高效便捷的高速公路服务区智慧公厕系统。

（3）完善人性化设施

"第三卫生间"是高速公路服务区公共卫生间改造的一项重要举措，建设"第三卫生间"有助于完善高速出行的公共服务设施，也有助于体现"厕所革命"的人文关怀。有条件的服务区，应独立设置无障碍卫生间和第三卫生间；条件不足的服务区，可将既有的无障碍卫生间进行提质升级，改造成更加人性化的第三卫生间。同时，应对公共卫生间进行适老化适幼化改造，除配备全流程通行扶手、高低洗手台盘等设施外，还需设置专用休息室、母婴室，配备轮椅、助行器、护理台等用具，为老幼人群提供更多可使用的设施设备。

（4）改造新风除臭系统

首先采用内循环净化，安置循环净化设备，对室内空气进行循环净化。其次使用复合酶微雾除臭，安装智能除臭系统，在实现与智能化控制系统的连接与自控的同时，可有效去除恶臭异味，提升如厕体验。最后使用新风除臭，在公共洗手间内加装整体式新风净化系统，收集卫生间异味气体、男卫生间小便池及化粪池区域异味，汇总后通过高能离子处理设备集中处理后实现无污染排放。同时引入洁净新风，保证卫生间空间处于微正压环境，减少异味及细菌病毒扩散传播风险。

（5）添加地方文化元素

服务区公共卫生间在升级改造的过程中，应注重整体外观建设与主体建筑相适应相协调，既体现服务区整体风貌，又能因地制宜展示地域特色，并融入时尚、环保等元素，用地方文化符号对内外空间进行装饰，提升公共卫生间的空间品质。同时，有条件的服务区公共卫生间还可在外墙和屋顶用藤本植物环绕，打造立体绿化公共卫生间，并在周边因地制宜栽种时令花草，营造微型花圃，充分发挥绿化作用，美化公共卫生间的外部环境。

6.2.3　拓展服务区产业功能

推进"服务区＋"融合发展，在满足基本服务功能的基础上，根据服务区的功能定位及实际运营需求提供文旅功能、商贸功能、物流仓储功能、综合能源补给功能等延伸服务，促进区域协调发展与乡村振兴，助推高速公路

服务区产业融合高质量发展新格局。

6.2.3.1 文化旅游

　　根据高速公路服务区发展现状，结合服务区属地特色产业实际，明确交文旅类主题服务区发展方向，针对硬件设施较好、主线交通量有提升空间的服务区，以出行目的为定位，结合自然风貌、地域文化、著名景点等特色旅游资源，以交通资源为基础，拓展多元复合的功能空间。这一需求往往以商业空间、休闲空间、室外场地为载体，为过往的司乘人员及旅客提供餐饮、购物、娱乐、休闲、自驾旅游等服务。国内某些服务区会采用类似 shopping mall 的模式进行改造，改变过去侧重功能性的传统模式，实现在有限的场景里提升文旅旅游体验。而靠近旅游目的地的服务区则内容更为丰富，如江西庐山西海服务区，坐落在国家 5A 级景区庐山西海，是中国最美水上高速公路——永武高速上唯一的一对服务区。庐山西海服务区紧扣"生态+业态"的建设思路，以"一屋一品"的方式打造了 4 种不同风格的特色民宿，盘活会议中心、活动中心，提供宴会、团建、婚庆、健身等多种功能，并结合湖面资源，规划重建旅游码头，使游客不下高速即可直达景区。而贵州西江服务区则借助距西江千户苗寨景区北大门 5 千米，西大门 400 米的区位优势，利用闲置土地规划打造"贵高速·山隐西江"野奢度假营地（图 6-9）。营地不仅具备房车、帐篷露营基地功能，还结合周边资源打造了"天空之境""勇

图 6-9　贵州西江服务区"贵高速·山隐西江"营地（图片来源：新华网）

图 6-9　贵州西江服务区"贵高速·山隐西江"营地（图片来源：新华网）（续）

士塔""玻璃栈道"等旅游体验项目。服务区的运营已不仅仅局限于简单的超市快餐，而是从建筑、景观、IP 文创、旅游业态功能、室内外展销等全方位进行消费场景升级，推动交通运输与旅游深度融合和创新发展。

6.2.3.2　商贸会展

近年来，随着乡村振兴战略的持续推进，高速服务区也在积极探索服务区发展与地方特色产品产销相融合的新机制，深化与周边企业的合作力度，向过往的司乘人员推介当地特产，依托服务区主体功能区，不断向消费集聚区延伸服务，提升服务区综合服务能力。利用服务区广阔的土地和路网优势，统筹各方资源搭建供需平台，通过在服务区内搭建特色展区，打造地方展销平台，进一步发挥服务区"人流聚集地"和"地区辐射带"的条件优势。同时，改造提升不仅是让服务区提升服务品质，更是为服务区赋予新动能，实现专业化运营。如山海关服务区，在改扩建二期工程中将服务区定位为"长城边、山海间、公园里"，规划建成全国首个高速服务区 POD（Park Oriented Development）奥莱公园（图 6-10），引进包括奢侈品、国际潮品在内的百余个品牌，实现文化、餐饮、购物全新升级和高速服务区"跨界"发展。改造完成后的山海关服务区占地面积 223.7 亩，建筑面积 28 236.4 m²，将成为以长城文化为主题的多功能性商业综合体，成为北方最大的服务区。

图 6-10　山海关服务区效果图（图片来源：河北省交通运输厅官网）

6.2.3.3　物流仓储

　　随着经济的持续发展和全球化的加速，物流行业在中国经济中的地位日益突出，急需提升物流效率和降低成本。高速公路作为物流运输的重要通道，具有快速、高效、便捷的特点，在高速公路沿线设立物流仓储网点，可以为公路物流提供中转平台，提高货物的流转效率。而服务区普遍具有交通便利、空间开阔、成本经济等优势，能够为物流园区提供更多、更优的选址条件。在服务区内建设仓储物流园，一方面可依托区位、流量和交通优势，创造新的业态提升物流效率；另一方面可利用服务区成熟的设施和服务，实现资源共享降低运营成本。因此，要充分发挥高速公路服务区的优势，利用服务区货车停车场、匝道圈和高速公路桥下空间等闲置资源，打造开放、高效的物流中转站。同时，要对货车停车场进行进一步升级改造，扩充货车停车位数量，从行车道宽度、行车动线、交通设施、货车加油通道等方面优化提升，满足货车便捷停车需求。此外，还要充分考虑货车司机从停车到休憩的各方面实际需求，建设"司机之家"，增设健身房、沐浴区、胶囊休息舱、自助洗衣房、医务室等功能用房，精准服务于货车司机群体的实际需求。如云南读书铺中央仓项目，位于读书铺服务区下行线北侧，围绕"物流＋"打造平急两用、多式联运、仓配一体、商管协同、智慧云仓、金融服务六大核心功能。作为云南省规模最大、功能最齐全、区位条件最优之一的服务区，读书铺中央仓项目的建设运营将示范未来服务区功能转型升级，并尝试向综合型、区域型服务区全面跨越，推动"服务区＋物流"融合发展。

6.2.3.4　能源补给

2024 年 2 月，交通运输部印发了《关于加快推进 2024 年公路服务区充电基础设施建设工作的通知》，明确今年年底前，除高寒高海拔以外区域的高速公路服务区充电桩覆盖率要达到 100%；新建和改扩建高速公路服务区充电基础设施要与主体工程同步设计、同步建设、同步验收运行。因此，增加充电设施、增设电动车专用停车位，已成为当前服务区电力能源转型的基本措施。但近年来电动汽车普及率持续攀升，高速场景的补能需求愈发成为消费者痛点所在，高速公路现有的充电设施已无法满足新能源车的充电需求。因此，需根据公众出行规律和充电需求，逐步提高电动汽车流量大、充电需求强的高速公路服务区超快充、大功率充电基础设施设备占比，规划建设集加油、加气、加氢、充换电于一体的综合能源补给站，推进"源网荷储""光储充换"一体化项目，满足公众远途出行的多元化赋能需求，助力高速公路公共服务能力升级。如江苏白洋湖服务区，在东西两侧建设光储充新能源汽车充电站，是光伏、储能、超级快充技术三位一体的新能源汽车补给站，配备一体式钢结构光伏车棚，棚顶总面积 250 m²，安装有 96 块 550 W 太阳

能电池组件，年发电量可达 5.3 万 kW·h，可减少二氧化碳排放量约 30.3 t，降低服务区的综合能耗，助力服务区节能减碳。

6.3　服务区提质升级发展趋势

　　随着人民生活水平的不断提高、信息科学技术的不断进步、生态环保意识的不断增强、绿色低碳理念的不断深入、高速公路事业的不断发展，对高速公路服务区的规划建设与管理运营也提出了新的要求，高速公路服务区的发展进入了品质提升的阶段。目前我国大部分服务区仍停留在满足不同客群需求的基本功能上，内生动力还不强，大多都面临改建和改造的现状。随着全国各地服务区提质升级工作的不断推进，出现了一批网红化商业和文旅属性兼备的特色改造服务区，通过结合服务区所在地具有的人文历史底蕴、文化特色、区位特征、产品优势等资源，进行主题化的改造，形成文旅化、商业化、网红化的内容，进一步提升高速公路服务区的吸引力和影响力。未来服务区的发展方向将会涉及更丰富的创新业态、更完善的设施体系、更智能的运营管理、更统一的标准建设。品牌化、标准化、智慧化、集约化是未来高速公路智慧服务区发展的重要方向。

　　（1）创新商业业态，丰富品牌化体验

　　服务区依托庞大的交通运输体系，构建起沿线商业与物流功能节点网络，逐步成为辐射周边发展的重要平台，蕴含巨大的品牌价值。早期的服务区自主品牌主要集中在便利店、餐饮、能源等直接提供服务的业态。近年来，随着我国经济社会不断发展，群众对美好出行更加向往，对出行品质也有了更高要求，高速公路服务区也从最初的高速公路基础配套设施定位逐步拓展延伸为具有特色及价值影响力的消费新场景，公众出行的体验与服务区的口碑正在逐步提升，为高速公路企业提供了服务区进化思路的借鉴与文化品牌传播的渠道。如江苏交控以品牌创建为抓手，大力推进服务区转型升级，围绕"服务更暖心、环境更舒心、经营更匠心、消费更称心"的"四心"目标，推动近 90%服务区的提档升级，创新整租、平台、"平台＋自营"等多种经营模式，丰富业态种类 2 000 余种，"苏高速·茉莉花"的品牌支撑作用日益凸显。

中交资管以打造"路游憩"品牌为核心，探索"高速公路服务＋产业"融合发展新模式，推动了从服务区、商超、房车营地到文创产品、服务小程序等一批相关产业的落地，打造了集"吃、住、行、游、购、娱"于一体的综合特色交旅融合品牌——"路游憩"。位于云南昆明的大板桥服务区以该品牌建设为核心，率先开展了提质升级。融合昆明独特的区位优势、旅游资源，并依托与摩洛哥沙温互为友城关系，将大板桥服务区打造成为全国首个具有国际化元素的旗舰服务区。在原有建筑的基础上，以单元式组团、独立立面系统、特色中庭式空间为设计思路进行整合升级，融入"自然生态＋人文关怀"的理念，在"快进漫游"中为司乘人员打造沉浸式非洲风情体验。如在建筑造型上提取非洲面包树的形态，将其转换成抽象的元素表达出直观的视觉效果；在室内外空间环境的营造上，采用了斑马、长颈鹿、火烈鸟等动物雕塑，作为景观小品增添了独特的色彩；在露天房车营地、儿童乐园中植入非洲丛林、草原元素，突显非洲风情主题特色（图 6-11）。

同时，大板桥服务区立足"服务区＋"建设，开设了时尚主题商超、主题房车营地、"路游憩"品牌文创、知名餐饮、新能源补给、光伏发电、智慧充电桩、儿童乐园等丰富业态，完善"到达—娱乐—休憩"旅游式消费链，形成了完整的商业模式和经济生态，为司乘人员提供集"吃住行游购娱"为一体的综合旅行服务。在改造升级过程中，中交资管利用人脸识别、AI 等信息化技术，搭建高速公路智慧服务区综合管理平台，配置无人驾驶扫地车，提升基础设施智能化水平。同时，设立急救理疗点，配置 AED 自动体外除颤仪等医疗设备，大幅提升服务区应急救助能力。

（2）完善设施体系，加强标准化建设

高速公路服务区作为高速公路上唯一可供车辆停靠和司乘人员驻足休息的场所，其服务质量的好坏和管理水平的高低直接影响了广大司乘人员的

图 6-11　云南大板桥非洲风情服务区（图片来源：人民网）

出行体验和感受，也影响着高速公路的整体形象。而且，在高速公路遭遇自然灾害、恶劣天气、车辆损坏、人员受困等突发事件或公共危机时，高速公路服务区发挥着安置、疏散、救助等不可替代的作用。然而，在服务区提质升级的背景下，缺乏对运营管理工作统一有效的指导，与高速公路规模化运营管理的需要仍存在一定差距。因此，加强服务区的标准化建设，提升服务区服务品质和管理水平，是交通运输行业推进供给侧结构性改革和创新行业管理方式的重要抓手。

服务区的标准化建设包括规划设计标准、设施建设标准、管理标准及服务标准，通过打造高效的运行机制、标准化的业务流程、有效的风险防范措施，可以更好地为司乘人员提供出行服务保障工作，是高效率运输服务的客观要求，也是提升服务区基础保障能力、公益服务水平、拓展创新能力的契机。目前全国各地已经出台了高速公路服务区设计规范，但相应的服务区服务管理规范并不匹配，仅有部分省份制定了高速公路服务管理规范，规定了服务区服务管理的要求以及经营区域服务管理、公共区域服务管理、设施设备管理、安全与应急管理、服务质量评价与改进的具体要求，促进服务区服务设施提档升级、服务水平提质增效，充分发挥以高质量标准促进高质量发展的引领作用。

除以上标准规范成果外，还体现在服务区装配式建筑的标准化设计上。因为服务区主体建筑的功能组成相对固定，可采用模数化、模块化及系列化的设计方法，以基本构成单元或功能空间为模块，确定合理的模数尺寸，按照功能要求进行多样化组合，建立多层级的建筑组合模块，最终形成可复制的模块化建筑。如广东龙寻高速吉祥服务区（图 6-12），位于粤东北山区，项目立项之初就树立了"绿色龙寻、生态龙寻"的建设理念。以河源市市花"簕杜鹃"为原型，融入六边形伞状造型，采用"乐高积木式"预制拼装方式，主体建筑由近 3 200 个混凝土预制件组成的 106 把六边形伞"装配式建筑"，最大限度地践行"绿色、环保、低碳"的绿色建筑理念，也契合打造品质舒适、绿色低碳、社会满意的"精品服务区"的目标，同时还为绿色交通基础设施建设积累实践经验。

（3）推动信息管理，提升智慧化效能

智慧服务区通常以网络传输体系、技术与标准体系、运行保障体系为基础，以大数据处理中心和云服务平台为核心，通过视频监控、车流检测、人流检测、Wi-Fi 系统、发布系统、广播系统等方式，将采集到的车流、人流、监控等基础信息以及交通流量数据、交通事件等路况信息进行数据分析和深度学习，实现服务区管理、公众出行服务、商业拓展等业务的智能化。

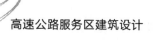

图 6-12　广东吉祥服务区清水混凝土装配式建筑
（图片来源：广东省交通运输厅官网）

① 服务区管理

● 视频监控：基于 AI 视频分析技术，对服务区的具体场景进行监控，对广场、停车场、加油站等重点区域的危化品车辆、异常人群聚集、明火烟雾、车辆违规停放等事件进行预警，增强管理的综合处置能力。与此同时，还可根据车辆识别数据对服务区出入口车辆进行特征比对，依据换牌、甩挂、使用假轴等信息，监控和识别逃费车辆，帮助高速公路运营管理单位进行逃费稽查处理。

● 车辆引导：摄像头可对大型车辆、小型车辆自动分析识别，借助诱导屏对车辆进行重点停车引导和车辆监控，确保安全运行。

● 指挥调度：针对监测到的服务区灾害、交通等事件，实现应急处置的快速反应，整合多种通信设备，实现多部门的协同指挥、统一调度。

● 办公自动化：打通各个应用间的数据壁垒，工作人员可以站在全局视角，对服务区进行系统化的统筹管理。

② 公众服务

● 免费上网：服务区的 Wi-Fi 系统在确保信息安全的前提下，可提供免费的上网服务，既能让民众放松娱乐，又可以为商业化的应用提供辅助手段。

● 信息发布：通过信息发布屏幕、可变情报板、服务区广播等方式，对公众需求的信息进行有效传递。

● 出行诱导：借助手机 App、信报板等方式，将服务区的实时状态推送至 C 端用户，尤其在假日高峰期能有效帮助驾乘者对服务区的选择进行合理安排。

● 厕所服务：在如厕体验方面，可利用空气质量传感器、空气净化设施、空余厕位可视化大屏显示、智能人流引导等系统，实时监测公厕内的空气质量和客流情况，并将监测信息同步推送保洁人员，在保证厕所环境干净整洁的同时，合理引导顾客避开用厕高峰。

● 疫情防控：利用测温仪、大数据等技术手段，在特殊时期严格控制服务区的客流量，同时检测出行者体温，在发现感染者时可有效进行行程追踪。

③ 商业拓展

进入智慧服务区，意味着驾乘人员从专注、疲劳的精神状态切换为松弛的休整状态，舒适的环境、愉悦的心情、周到的服务，利于激发消费者的购物欲望。

● 商业管理：通过客货分离、立体分流、基于 GIS 进行停车场规划等方式合理规划停车位，增加客流量，对客流量分布、热销商品的种类及价格进行数据分析，创造良好的消费环境，提升消费者满意度。

● 周边旅游："服务区＋旅游"作为重要的发展方向，"服务区＋旅游"的项目也在逐年增加，初步形成了"商业综合体""IP＋主题街区""产业基

地""旅游景区""特色小镇""自驾房车"六种模式。

　　总而言之，服务区经过多年的建设正逐步由传统的基本服务，发展为以移动互联网、物联网信息化、数字化为特色的经营管理、休闲娱乐、饮食购物、增值营销、汽修补给等业态丰富的新型商业区。此外，依靠自然、人文等条件建设旅游服务区，也是高速服务区发展的重要趋势。

结　语

本书以高速公路服务区为研究对象，以"以人为本"为最基本原则，围绕"如何规划与建设服务区"这一核心问题，由服务区在高速公路上扮演的功能角色分析入手，通过实地调查及理论研究，针对高速公路服务区近年来建设与发展过程中存在的突出问题，从管理体制、总体布局、交通组织、建筑形态等多方面寻找和揭示造成高速公路服务区建设落后的根源及对策，并以鹰瑞高速公路服务区项目工程为依托，从建筑学的层面提出了解决服务区建设问题的方法途径。通观全文，可以梳理归纳出如下的基本结论：

（1）提出本次研究的核心概念——"高速公路服务区"

高速公路服务区是以高速公路上运行车辆、司乘人员及被运送物资为服务对象的基础设施，其基本功能包括为人服务的、为车服务的及附属服务的功能设施。

（2）归纳总结服务区的类型划分及功能配置的方式

由高速公路服务区的定义可知，设置服务区的目的是为高速公路使用者提供服务的。因此，根据功能的必要性方面确定了服务区的类型。将高速公路服务区划分为Ⅰ类服务区、Ⅱ类服务区及Ⅲ类服务区，并对其进行功能配置，最终通过功能配置表（表2-1）直观地表现出来。

（3）分析总结国内外服务区建设的经验

欧洲、美国、日本等服务区建设的案例表明，通过制定合理的管理体制，使服务区的经营管理专业化、股权多元化。在明确各服务区的功能定位的同时，控制服务区的规模及标准并进行合理的规划布局，充分体现其人性化的服务，这是欧美国家及日本进行服务区建设的共同经验。

（4）分析总结我国高速公路服务区的发展现状

从高速公路发展的历程来看，我国服务区现状不合理的现象，既有各地区经济发展水平不均衡、管理体制落后等的外部因素，又有服务区自身发展历史不长、经验不足而盲目建设的内部因素。这些都导致了我国服务区的建设滞后于高速公路的建设，这必将对服务区的建设提出更新调整的要求。从宏观的角度来看，服务区的建设是有其经济的、社会的、环境的目标；从微观的角度来看，服务区的建设应始终遵循"以人为本"的基本原则，处处体现其人性化的设计。

（5）在理论研究的基础上提出服务区建设设计的理念及原则

在对服务区设计要素详尽分析的基础上，整理出服务区设计的四大理念，分别为基于保证功能准确定位的整体理念、基于服务对象使用需求的人本理念、基于地域建筑风格再现的文化理念及基于自给自足环境保护的生态理念。同时根据具体情况，在服务区工程项目设计的过程中，应遵循有机整体、以人为本、生态环保及适度超前的原则。

（6）结合实践总结出高速公路服务区建设的策略及方法

高速公路服务区建设的策略可分为三步：

① 前期准备——在明确其功能定位的前提条件下，对服务区的功能作充分考虑并合理配置，根据功能的配置来理性计算并调整服务设施所需的建筑面积，避免不必要的资源浪费；

② 设计阶段——合理有效的规划服务区的总平面布局及建筑单体设计，在基本符合功能要求之后，从细节之处深入考虑服务区的无障碍设计，充分体现服务区的人性化。同时，应从建筑美学的角度考虑服务区建筑的性格特质及外观造型设计，体现服务区的个性化；

③ 后期完善——从技术理念的角度来完善服务区的建设，从资源的利用到能源的节约再到环境的保护，全面研究，为的是能保障服务区在建成之后能够有效的实现可持续发展之路。

（7）归纳总结服务区提质升级的建设思路及措施

进入新的发展时期，高速公路网格局将不断扩充与完善，高速公路服务区也将进入高质量发展的阶段。通过梳理国内具有代表性的服务区提质升级建设实践，理清服务区提质升级的基本思路，并将建设思路整合成服务区提质升级的步骤措施，结合实际案例对此详尽分析，试图寻求服务区提质升级的有效途径。

参考文献

［1］公路工程技术标准：JTG B01—2014［S］．北京：人民交通出版社，2014．

［2］交通运输部：我国公路总里程达 535 万公里稳居世界第一［EB/OL］．http://finance.people.com.cn/n1/2023/1123/c1004-40124478.html， 2023-11-23．

［3］初梅．高速公路服务区设计研究——以沈大高速公路服务区为例［D］．大连：大连理工大学，2007．

［4］交通运输部，公安部，应急管理部．道路旅客运输企业安全管理规范［Z］．2018-4-30．

［5］高速公路服务规范：DB3311/T 125—2020［S］．丽水：丽水市市场监督管理局，2020．

［6］张月鹏．对高速公路服务区功能配置的思考［J］．华东公路，2006（4）：48-50．

［7］博研咨询市场调研．中国高速公路服务区市场规模及未来发展趋势［R］．北京，2023．

［8］王鹰，陈强，赵小兵．四川省高速公路的可持续发展问题［J］．公路，2003（4）：99-102．

［9］"城市综合体"现身高速公路 沪宁高速全力打造 3.0 版服务区［EB/OL］．http://www.sasac.gov.cn/n2588025/n2588129/c9260891/content.html，2018-07-19．

［10］喜报！庐山西海服务区入选第一批交通运输与旅游融合发展十佳案例［EB/OL］．http://jt.jiangxi.gov.cn/art/2023/10/13/art_32767_4636800.

html，2023-10-20.

[11] 山东省交通运输厅. 山东高速探索"零碳＋近零碳＋零碳氢能"绿色发展模式 [N]. 济南日报，2023-12-22.

[12] 中国交通运输协会.《高速公路零碳服务区评价规范》(征求意见稿)编制说明 [Z].2022-06-13.

[13] 维基百科 [EB/OL]. http://en.wikipedia.org/wiki/Rest_area.

[14] 公路工程技术标准：JTG B01-2014 [S]. 北京：人民交通出版社，2014.

[15] 刘孔杰，崔洪军. 高速公路服务区规划设计 [M]. 北京：中国建材工业出版社，2009.

[16] 杨林，牟春海，王少飞，等. 高速公路服务区拓展功能及经营模式研究 [J]. 公路，2020（5）：213-217.

[17] 成馨. 高速公路服务区综合服务楼优化设计研究 [D]. 武汉：华中科技大学，2007.

[18] 江西省交通运输厅. 江西高速公路服务区产业数字化转型赋能服务升级 [EB/OL]. http://jt.jiangxi.gov.cn/art/2022/11/22/art_33945_4237146.html，2022-11-22.

[19] 江西省人民政府. 从"停车区"到"服务区"——赣州西服务区全面升级 [EB/OL]. https://www.jiangxi.gov.cn/art/2024/1/26/art_5158_4771516.html，2024-01-26.

[20] 周衍平，纪忠浩. 高速公路服务区能源供应新视角 [J]. 中国公路，2023（19）：47-49.

[21] 高速公路服务区设计规范：DB 43/T 922—2023 [S]. 长沙：湖南省市场监督管理局，2023.

[22] 高速公路服务区设计规范：DB 45/T 2052—2019 [S]. 南宁：广西壮族自治区市场监督管理局，2020.

[23] 高速公路服务区设计规范：DB 37/T 4381—2021 [S]. 济南：山东省市场监督管理局，2021.

［24］ 高速公路交通工程及沿线设施设计通用规范：JTG D80—2006［S］.北京：人民交通出版社，2006.

［25］ 广东省交通运输厅.广东省高速公路服务设施设计和验收指南（粤交基〔2015〕287号）［Z］.2015-03-15.

［26］ 住房和城乡建设部，国土资源部，交通运输部.公路工程项目建设用地指标（建标〔2011〕124号）［Z］.北京：人民交通出版社，2011.

［27］ 自然资源部，交通运输部.高速公路服务区改建用地控制指标（自然资办函〔2021〕477号）［Z］.2021-03-22.

［28］ 高速公路服务设施建设规模设计规范［S］.广州：广东省市场监督管理局，2023.

［29］ 龚祖贤.简约·实用·灵活：英、德高速公路服务区考察观感［J］.中外公路，2004（11）：36-40.

［30］ 石京.市场经营的魔力：来自日本高速公路服务设施的启示［J］.中外公路，2004（11）：24-28.

［31］ 周绍成.感悟欧洲高速公路［J］.中外公路，2005（11）：28-29.

［32］ 苏杭，王维阳，刘治宇.欧洲五国高速公路服务区考察［J］.辽宁交通科技，2003（4）：14-15.

［33］ 前瞻产业研究院.行业深度！十张图了解2021年全球高速公路服务区市场发展现状［EB/OL］.https://baijiahao.baidu.com/s?id=1708492799666370731&wfr=spider&for=pc，2021-08-19.

［34］ 佟小鲲，王静.有一种感觉叫体贴：中国高速公路服务区联谊会考察团赴美国、马来西亚观感［J］.中外公路，2004（11）：41-48.

［35］ 米川.日本高速公路的停车服务设施［J］.建筑学报，2002（7）：46-48.

［36］ 姚雨蒙.高速公路服务区C位出道指南［J/OL］.https://baijiahao.baidu.com/s?id=1693461471885567222&wfr=spider&for=pc，2021-03-06.

［37］ 赖理达.江西省高速公路融资方式及策略研究［D］.南宁：广西大学，2008.

［38］ 苑广普. 高速公路附属建筑用能特征及低能耗运营方式研究［D］. 天津：河北工业大学，2018.

［39］ 刘浩，蒋文蓓. 自然环境中的空间设计：沪宁高速公路苏州阳澄湖服务区规划设计研究［J］. 新建筑，1999（2）：50-52.

［40］ 山东高速集团有限公司. 山东高速零碳服务区白皮书［Z］. 2022-07-12.

［41］ 程岩，初梅. 对沈大高速公路服务区考察的思考［J］. 建筑学报，2007（8）：62-63.

［42］ 张光龙. 沈大高速公路服务区的人性化服务［J］. 中外公路，2006（11）：32-33.

［43］ 张东升. 老服务区改造：设计先行［J］. 中外公路，2004（2）：110- 111.

［44］ 吕青，王选仓，武彦林，等. 公路景观设计的理念与方法［C］//第四届亚太可持续发展交通与环境技术大会论文集. 北京：人民交通出版社，2005：484-488.

［45］ 刘先觉. 生态建筑学［M］. 北京：中国建筑工业出版社，2009.

［46］ 卢原义信. 外部空间设计［M］. 尹培桐，译. 南京：江苏凤凰文艺出版社，2017.

［47］ 袁晓芳，周祺. 设计中的环境影响因素［J］. 安徽文学，2006（12）：100-101.

［48］ 谢劲松，贾新峰. 建筑的地域性自然环境特征及其结构技术表现［J］. 中外建筑，2004（01）：92-94.

［49］ 石东浩. 边界：从对峙到交流 浅议高速公路服务区场所设计［J］. 华中建筑，2009（03）：34-37.

［50］ 江西省交通厅规划办公室，江西省交通工程造价管理站. 江西省高速公路服务区规划［R］. 南昌，2006.

［51］ 中央政府门户网站—新华社来源. 江西省将收回高速公路服务区公益性管理权［R/OL］. http://www.gov.cn/fwxx/sh/2009-06/08/content_1334621.htm.

［52］ 余立. 创造建筑形象的制约因素［J］. 建筑学报，1996（9）：37-39.

［53］ 交通运输部文件. 关于加强高速公路服务设施建设管理工作的指导意见（交公路发〔2009〕31号）［Z］. 北京，2009.

［54］ 吴良镛. 广义建筑学［M］. 北京：清华大学出版社，2011.

［55］ 吴良镛. 人居环境科学导论［M］. 北京：中国建筑工业出版社，2001.

［56］ 孙瑜，程建川. 高速公路服务区设计［J］. 中外公路，2008（6）：205-208.

［57］ 吴鸣，莫智洪. 对高速公路服务区规划与设计新理念的探讨［J］. 山西交通科技，2009（4）：84-90.

［58］ 李道增. 环境行为学概论［M］. 北京：清华大学出版社，1999.

［59］ 王英姿，吴鸣. 高速公路服务区建筑与景观设计新理念研究［J］. 中外公路，2009（8）：13-17.

［60］ 张宇，于辉. 地域性建筑创作在自然环境问题中的策略做法［J］. 中外公路，2008（11）：96-98.

［61］ 张全胜，左庆乐. 高速公路服务区功能定位的探讨［J］. 交通标准化，2008（8）：214-218.

［62］ 张嵩，仲德崑. 高速公路服务区规划设计尝试［J］. 新建筑，2004（2）：68-71.

［63］ 匡成刚，刘晓燕，李牧凡. 雅康高速公路泸定服务区平面三区布局立体双边服务［N］. 中国交通报，2022-05-06.

［64］ 唐云. 南方高速公路服务区设计研究［D］. 长沙：湖南大学，2006.

［65］ 中华人民共和国建设部. 汽车库建筑设计规范：JTJ 100—2015［S］. 北京：中国建筑工业出版社，2015.

［66］ 中国公路学会. 高速公路服务区地面彩色导向标识设置指南：T/CHTS 10038—2021［S］. 北京：人民交通出版社，2021.

［67］ 张俊杰，牟鹏，艾乔，等. 交旅融合背景下高速公路服务区景观设计［J］. 公路，2021（8）：262-267.

［68］ 住房城乡建设部. 饮食建筑设计标准：JTJ 64—2017［S］. 北京：中国建筑工业出版社，2018.

［69］ 服务区提质升级项目办. 江西高速服务区持续深化"厕所革命"［J/OL］. https://www.hubpd.com/hubpd/rss/toutiao/index.html?contentId＝4323455642277555596，2023-02-16.

［70］ 无障碍设计［EB/OL］. http://baike.baidu.com/view/540035.htm，2022-10-18.

［71］ 住房和城乡建设部. 无障碍设计规范［S］. 北京：中国建筑工业出版社，2012.

［72］ 刘素芳，石磊. 浅谈高速公路服务区中无障碍设计［J］. 四川建筑，2007（6）：46-48.

［73］ 高桥仪平. 无障碍建筑设计手册［M］. 陶新中，译. 北京：中国建筑工业出版社，2003.

［74］ 李鑫. 面向残疾人使用的公共建筑无障碍设计研究［D］. 安徽：合肥工业大学，2007.

［75］ 张昉. 关怀弱势群体的人性化场所：浅谈城市公厕无障碍设计［J］. 大众文艺，2009（8）：72-73.

［76］ 张钦楠. 建筑设计方法学［M］. 北京：清华大学出版社，2007.

［77］ 陈铭，张茵，邓德. 鄂西民居特色与现代建筑设计：以沪蓉西高速公路宜恩段配套服务设施设计为例［J］. 华中建筑，2006（8）：46-48.

［78］《城市建筑》编辑部. 基于地域性建筑创作实践的思辨与展望［J］. 城市建筑，2008（8）：36-38.

［79］ 单德启. 单德启建筑学术论文自选集：从传统民居到地区建筑［M］. 北京：中国建材工业出版社，2004.

［80］ 杨葳. 传统民居与当代建筑结合点的探求：中国新型地域性建筑创作研究［J］. 新建筑，2002（2）：9-11.

［81］ 孙澄，梅洪元. 现代建筑创作中的技术理念［M］. 北京：中国建筑工

业出版社，2007.

[82] 高亮华. 人文主义视野中的技术 [M]. 北京：中国社会科学出版社，1996.

[83] 彭江喜. 浅谈雨水的收集、处理与利用 [J]. 水工业市场，2008（9）：50-53.

[84] 马兴冠，宁宇，李洪波. 高速公路服务区集中式污水处理工艺及综合评价 [J]. 沈阳建筑大学学报（自然科学版），2020，36（9）：947-954.

[85] 简丽，姚嘉林，陈学平，等. 高速公路服务区污水处理回用研究 [J]. 公路，2016（5）：199-203.

[86] 宋维星，刘晓朋，田冬军，等. 高速公路服务区污水生物生态处理技术分析 [J]. 环境与发展，2019（9）：102-103.

[87] 饶学平. 浅谈高速公路服务区的污水处理及回用技术 [J]. 浙江建筑，2008（4）：50-52.

[88] Molly Farrell, Liz Van der Hoven, Tedann Olsen. Vermont Rest Area Uses Green Wastewater Treatment System [J]. Public Roads, 2000(6): 51-53.

[89] Eric Lohan. Rest Stop Features Ecological Wastewater Treatment and Water Reuse [J]. Land and Water. 2006(1): 33-37.

[90] 马建兴，李宏. 略谈高速公路服务区的建筑节能 [J]. 山西交通科技，2008（4）：79-81.

[91] 籍存德，郝瑞珍，常民. 夏热冬暖地区建筑遮阳设计探讨 [J]. 工业建筑，2007（2）：44-46+49.

[92] 王玥. 遮阳技术在建筑节能设计中的应用 [J]. 华中建筑，2008（3）：41-44.

[93] 孙维. 夏热冬冷地区高速公路滨水服务区设计研究：以随岳高速公路宋河服务区为例子 [D]. 武汉：华中科技大学，2007.

[94] 陈贵杰. 浅谈建筑节能措施 [J]. 广东科技，2006（10）：145-146.

[95] 朱例娜. "光伏＋高速公路"推动绿色交通加速发展 [N]. 中国城市报，2024-03-04（7）.

［96］李翠英，李顺莲. 科学选择高速公路绿化植物品种［N］. 中国绿色时报，2021-10-28（4）.

［97］李斯涛，刘志强，李培锋，等. 高速公路服务区低碳生态技术体系探讨［J］. 公路交通科技，2020，37（12）：56-61.

［98］湖南省交通厅.《湖南省高速公路服务区提质改造和提升服务水平的意见》政策解读［Z］. 2022-08-18.

［99］中国公路学会，高德地图. 2023 年高速公路服务区出行热度分析报告（1—6 月）［R］. 2023.

［100］陈兴文，庹永丽，袁帅，等. 高速公路既有服务区优化提升研究［J］. 公路，2021（2）：219-224.

［101］湖南省交通运输厅. 湖南省高速公路服务区提质改造和提升服务水平的意见［Z］. 2022-08-16.

［102］周舒灵. 浙江省高速公路服务区改扩建规划与建筑设计研究［D］. 杭州：浙江大学，2019.

［103］广东省交通运输厅. 广东省高速公路服务区布局规划（2020—2035年）［Z］. 2020-10-21.

［104］广东省交通运输厅. 迎接春运！这两个服务区大"变身"［EB/OL］. https://td.gd.gov.cn/gkmlpt/content/3/3767/post_3767244.html#1479，2022-01-18.

［105］浙江省交通运输厅，浙江省能源局，国网浙江省电力有限公司. 浙江省加快推进公路沿线充电基础设施建设行动实施方案［Z］. 2022-11-10.

［106］张明全."交通＋物流"融合发展的创新实践［N］. 云南日报，2024-04-23（8）.

［107］徐海北，张西亚. 花儿为什么这样红：江苏高速公路服务区品牌创建心得［J］. 中国公路，2021（22）：44-47.

［108］赛文交通网. 智慧服务区市场来临［J/OL］. https://www.163.com/dy/article/GIQUOCBC0511BDPV.html，2021-09-01.